听心理咨询师
给女孩讲气质

"推开心理咨询室的门"编写组　编著

中国纺织出版社有限公司

内 容 提 要

气质,是一个人由内而外散发出的魅力,是每个人特有的、不可模仿的举止修养。人的气质,有一部分来自先天,而大部分则需要后天培养。

本书从多个角度出发,从内修心灵到外塑仪态,详细地叙述了女孩在心态、性格、穿着、交际等方面的修炼法则,帮助女孩打造美好气质,活出更加精彩的人生。

图书在版编目(CIP)数据

听心理咨询师给女孩讲气质/"推开心理咨询室的门"编写组编著. -- 北京:中国纺织出版社有限公司,2025.6

ISBN 978-7-5229-0684-3

Ⅰ.①听… Ⅱ.①推… Ⅲ.①女性—气质—通俗读物 Ⅳ.①B848.1-49

中国国家版本馆CIP数据核字(2023)第111663号

责任编辑:柳华君　　责任校对:高　涵　　责任印制:储志伟

中国纺织出版社有限公司出版发行
地址:北京市朝阳区百子湾东里A407号楼　邮政编码:100124
销售电话:010—67004422　传真:010—87155801
http://www.c-textilep.com
中国纺织出版社天猫旗舰店
官方微博 http://weibo.com/2119887771
天津千鹤文化传播有限公司印刷　各地新华书店经销
2025年6月第1版第1次印刷
开本:880×1230　1/32　印张:7.5
字数:131千字　定价:49.80元

凡购本书,如有缺页、倒页、脱页,由本社图书营销中心调换

前 言
PREFACE

在心理咨询中，女性来访者并不少见，并且她们所遇到的困惑具有高度的趋同性，包括情绪控制、自我价值、身份认同、职业发展等问题。这些问题并不像表面上看起来那么容易概括，也并不是单维度的问题，而是复杂的综合性问题。这种复杂性是由女孩在这个社会中具有的独特性决定的，体现在多个层面，包括生物学、心理学、社会学以及文化等方面。生物学上，女孩从出生起就具有独属于自己的生理特征，这些特征在青春期会引发一系列的生理变化，如月经周期的出现等。在心理层面上，女孩可能会表现出与男孩不同的性格特质和行为模式，这些差异源于社会化过程和生物性别角色的影响。在社会学层面上，女孩所面临的社会期待和角色定位常常与男孩有所不同。例如，她们可能更被鼓励展现出亲和力、同情心和关怀他人的特质，同时也可能面临着性别歧视和不平等的挑战。在文化层面上，不同社会和文化对女孩的教育、职业和婚姻等方面有着不同的期待和规范，这些文化因素深刻影响着女孩的成长环境和发展机会。总之，女孩所面临问题的复杂性以及解决这些问题的重要性必须引起专业人士和社会各界的关注。

针对女孩面临的各种心理和社会挑战，心理咨询师团队编写了一整套不同主题的书籍，提供给女孩们全面、综合性的资源。希望通过阅读，女孩可以应对社会中显性或者隐性的性别刻板印象带来的压力，可以更好地了解自己，增强内在的力量，不断发展个人技能，提升应对生活挑战的能力。

气质，是一个人内在精神世界的外在体现，是一种人格魅力的质量升华。气质不是一两天就能养成的，也不是两三天就能改变的；气质，是在一段较为漫长的时间内由个人的生活环境、行为习惯和内在涵养在交互影响的过程中逐渐培养出来的。

本书中既有古今中外的名人轶事，也有发生在我们身边的小插曲、小故事。书中的内容，从职场到家庭，从性格到行为，从自我修炼到社会交际，从内在涵养到外在举止，都以培养女孩的优雅气质为目的，结合典型事例与众家经典之言，从"练兵"到"实战"，以深入浅出的语言展开剖析，提出观点与方法，令读者避开晦涩之言，在享受阅读的同时掌握提升魅力的法则，从而最大化地实现本书价值。

本书在编纂过程中，参考并借鉴了许多珍贵文献与其他专家、学者的著作，在此，真心地向他们致以诚挚的感谢。同时，因作者水平有限，书中难免有疏漏或不足之处，敬请读者朋友批评指正。

祝愿每一位阅读此书的女孩都能有所收获，以坚持不懈的毅力和锲而不舍的恒心，将自己塑造成气质女孩，获得众人的青睐与赞赏，享受幸福美满的人生。

编著者

2024年3月

目录 CONTENTS

第01章 做真实率性的女孩，真性情是女孩最美好的气质

活出自我，你就是那个最好的女孩…………………003
人群焦点？你只是他人的匆匆一瞥…………………007
放过自己，女孩何必庸人自扰…………………………011
个性女孩，让大家印象更深刻…………………………015
困难像弹簧，生活就是这个样子………………………019
展开胸怀，让你的心灵洒满阳光………………………023

第02章 做悦己助人的女孩，你的爱心可以温暖世界

坦诚相待，率真的女孩惹人怜爱………………………029
亦敌亦友，对手是我们终身的伙伴……………………033
奉献爱心，你的美丽照耀世界…………………………037

你来我往，要回报必先付出……………………041
感恩的心，让你看到更美的世界…………………045
不惧挑战，命运按不下女孩高昂的头……………049

第03章　做胸怀宽阔的女孩，内外兼修培养大方气质

你有多讨厌我，我便有多尊重你……………………057
拒绝狂妄，看清自己才能把握人生…………………061
韬光养晦，做人宜低调…………………………………065
将心比心，女孩要学会易地而处……………………069
他人犯错，女孩何必惩罚自己………………………073
你敬我一尺，我敬你一丈………………………………077

第04章　做勇敢自信的女孩，内心强大才是最棒的优雅

任他风狂雨骤，我自洒脱昂首………………………083
从头再来，路上还有更多的风景……………………087
天下无完人，女孩不必因缺点而烦恼………………091
多面的你，总有一个最美的角度……………………095

逆来顺受，女孩因接受而变得强大……………… 099
超群的气质，来自自信的底蕴…………………… 104

第05章 做注重着装的女孩，由内而外散发优雅气场

斑斓人生，女孩应懂点色彩心理学………………… 111
风情万种，女孩颈上的一抹亮色…………………… 116
另类名片，女孩握在手中的重要配角……………… 120
走好人生路，女孩不能没有一双好鞋……………… 125
闪耀魅力，女孩胸前的一点装饰…………………… 130
因地制宜，女孩穿衣也要区分场合………………… 135

第06章 做仪态大方的女孩，好气质从一举一动中显露出来

轻声慢语，女孩不必"大嗓门"…………………… 143
站有站相，女孩的气质与站姿紧密相连…………… 148
博闻强识，肚里有货让女孩更有谈资……………… 152
漫步舞池，翩翩起舞的女孩醉人心脾……………… 157
沉心静气，安静的女孩也能成为焦点……………… 161

优雅行走，每一步都走出女孩的气质……………… 165

第 07 章　动感活力的女孩，健康活泼展现年轻气质

运动起来，餐桌社交不如一起流汗……………… 171
修身养性，瑜伽对女性大有裨益 ……………… 176
认识舍宾，健身项目中的"时尚达人"……………… 181
边吃边动，饮食合理运动才更有效……………… 186
身体各异，女孩要选择适合自己的运动……………… 192

第 08 章　做品位高雅的女孩，内涵与修养是女孩气质的根本

艺多不压身，文艺气息让女孩更具灵性……………… 201
饱读诗书，让书香萦绕身旁……………… 206
储备知识，充电让女孩不断进步……………… 212
感受音乐，动人的旋律让心灵更安宁……………… 218
保持兴趣，生活因此而更加精彩……………… 224

参考文献 ……………………………………… 230

第01章

做真实率性的女孩，真性情是女孩最美好的气质

"为己而活",是每个人应该为之奋斗一生的追求。这里的"为己",不是自私自利,不是损人利己,而是要求每个人都能活出真我,活出自我,不再为了他人的眼光与议论而活。为己而活的女孩,真实坦率,潇洒而尽显从容,她们懂得什么是自己想要的人生,她们懂得如何为自己的理想努力。为己而活的女孩,胸怀坦荡,磊落而不失温暖。她们特立独行的个性,让众人眼前一亮;她们坚持自我的勇气,赢得大家的交口称赞。

活出自我，
你就是那个最好的女孩

眼下，无论是相貌、服饰还是性格、行为，人们都喜欢树立起一个或数个"标杆"，而后便有许多人竞相模仿：为了长得像某某明星，不惜在自己的脸上"刀砍斧剁"；为了追赶时尚潮流，不惜勒紧裤带购买名牌服饰；为了在别人眼里和某个名人性情相仿，不惜刻意收起自己原本的性格、习惯，一举一动、一言一行都紧随名人的步伐……仿佛因为自己模仿的是大众都交口称赞的人，所以自己也会获得人们的青睐一样。女孩们，如果你们也在这么做，那么不妨稍歇一会儿，仔细想想，这真的会让你变得更美好吗？

晓蓉向来喜欢素面朝天，虽然一直被闺蜜们批判不修边幅，但她也不甚在意。然而，最近男朋友也偶尔提起晓蓉"不会打扮"，这让晓蓉警醒起来，开始恶补。

她开始订阅各种时尚杂志，按照杂志中各种名模的装扮收拾自己。今天烫一个大波浪，明天染一个粉红头，后天又化起了烟熏妆……虽说每天早起梳头、化妆很麻烦,但想起男朋友的"警告",她就立刻充满了动力。

然而,正当她考虑下周换个什么发型时,却无意中听见同事们在背后议论她:"皮肤那么黑,还染个粉红色的头发,衬得脸像茶叶蛋似的。""那个脸型还烫大波浪,真是有勇气啊!"

晓蓉听了这些,感觉犹如一盆凉水泼下。回家后,她正准备向男友诉说委屈,男友却一脸尴尬,支支吾吾地说:"蓉蓉,我想过了,其实你以前那样挺好的,现在这些装扮并不适合你。之前是我不对,你还是变回原来的样子吧。"之前是我不对,你还是变回原来的样子吧。"

很多人因热衷于模仿,而遗失了最初、最真的自己。然而很多时候,当她正在为自己包装的那层外壳沾沾自喜时,

人们却已对这个"伪装"的她失去了曾经的好感。最美的女孩，永远是那个活出自我、率性真诚的女孩。她们或许有这样那样的小毛病，但胜在一个"真"字，胜在真正的自我。矫揉造作、亦步亦趋的人能一时获得他人的好感，但这种好感难以长久维持，更会让自己疲于奔命。

良好气质养成方法

想要做到活出真我，并不是一件容易的事，女孩们该如何做，才能成为最好的自己呢？

1. 真实自然地彰显个性

每个女孩都有着自己的个性，正是因为这些个性，女孩们才有了千姿百态的气质。每种气质，都是一道亮丽的风景，都有其独特的味道。活泼的女生让人看到勃勃生机，开朗的女生让人看到乐观向上，沉静的女生让人看到典雅之美，每一种个性，都是这世间宝贵的财富。因此，女孩们，只要你敢于真实地表现自己，就能让人看到那个最美的你。

2. 正确评价自己

对于自己的方方面面，女孩都应有一个清晰而客观的认识。有了这种意识，我们才能基于社会公共标准来衡量自己的长处与不足。我们说率真地表现自己，并不是强调可以随意放任自己的缺点或不加控制地挥洒情绪。对于缺点，我们要重视并积极改正；对于负面情绪，我们要及时疏导，更要注重方法和后果。

3. 平和地对待他人的评价

面对他人的评价，无论是正面还是负面，女孩都应该保持一种平和的心态，不因他人的赞许而喜上眉梢，也不因他人的责难而心灰意冷。过分看重他人对你的评价，只会让你在不自觉中失去自我，刻意把自己打造成他人眼中的"完人"。

知识点链接

在心理学中，有一种心理现象叫作"权威效应"。在这种心理的影响下，人们往往更加相信权威人士的话，更愿意模仿权威人士的言行，而失去了独立思考、认清自我的能力。其实，只要我们的外在和内心强大起来，每个人都是自己的权威。每个人心中的那个"更好的我"，才是自己的榜样。

人群焦点？
你只是他人的匆匆一瞥

人们常说："人活一张脸，树活一张皮"，世上有许多人，为了所谓的"面子"，都太过重视别人对他的看法。然而，别人真的那么关注他吗？也许为了应付，也许为了奉承，别人对他说几句违心的赞扬，就会让他手舞足蹈地庆祝半天；也许说者无心，也许顺口搭音，别人当面或背地里的几句非议，就会让他愤愤不平地辗转反侧。然而，无论他欢天喜地还是夜不成眠，别人早已去忙自己的了，又有谁关心他痛不痛快呢？

转眼已经过去一年了，瑶瑶为了追求同系的吴磊，一直跟着"白马王子"泡图书馆。

功夫不负有心人，对瑶瑶的"跟踪"行为有所察觉但从未有过表示的吴磊，这天竟抬头盯着瑶瑶看了好一会儿。这时，瑶瑶正吭哧吭哧地啃着面包，为了抢座位，她连午饭都没吃。瑶瑶见吴磊向自己看来，一时愣了神，连招呼都忘了打。只见吴磊的目光定格在她的下巴附近，随后微微皱眉，又低下头去。

瑶瑶心中懊恼，心想一定是自己的吃相太难看，让吴磊厌烦了。不过，既然吴磊开始关注自己了，那就是个好兆头。从这天起，瑶瑶每天都要换一套衣服，几件小饰品也轮流着戴。然而，吴磊并没有因此对她更热情。他有时一连几天只是对瑶瑶匆匆一瞥，偶尔才会盯着瑶瑶沉思良久。为此，瑶瑶日夜思索，认为是自己的衣服惹了祸，于是，她将那几套吴磊"不喜欢"的衣服全打入了冷宫，又不惜重金重新购置了一堆新衣服。

这天，吴磊竟然破天荒地示意瑶瑶到图书馆外交谈。瑶瑶幸福得不知所措。脑袋晕晕地来到室外后，吴磊的一席话让瑶瑶真的差点晕厥："同学，真不好意思，特地请你出来，是有件事想问你。请问你这个坠子是在哪里买的？我看了很久了，真的很漂亮。我女朋友最喜欢这种蝴蝶造型的东西，马上就是她生日了……"

嘴巴是别人的，日子是自己的，很多上嘴皮碰碰下嘴皮的言论，终究无法给你带来什么切实的益处。有些人秉着"听人劝、吃饱饭"的"信念"，别人怎么说他就怎么做，活得畏首畏尾、瞻前顾后；有些人一辈子活给别人看，到头来如幻梦一场，临了才发现得到的根本不是自己想要的。

良好气质养成方法

要做到不为他人的眼光而活，女孩们应从以下几点调整心态。

1. 牢记：我并不是焦点

在心理学上，有一个"焦点效应"。在这种心理的影响下，人人都觉得自己是人群中的焦点，也都希望自己成为众星捧月的主角，往往会过高估计周围的人对其外表和行为的关注程度。而事实上，正因为每个人心中都有焦点效应，所以换个角度来说，每个人都不是焦点。某部影片中曾夸张地说："在某个大都市，就算你站在十字街头大喊'我要自杀'，也不会有人停下脚步去围观你。"这句话或多或少地印证了焦点效应：相对于这个"要自杀的人"，紧张节奏中的自己，才是人们关注的焦点。

2. 扪心自问：你会那样关注别人吗

上述的焦点效应让我们知道，人们更为关注的，往往是自己以及与自己密切相关的人或事。当女孩因为摔跤而羞愤难当时，不妨试想：如果自己是旁观者，看到别人如此出洋相，除了一笑置之，还会有更多下文吗？答案不言而喻。

3. 听力差一点，心放宽一点

别人的评论，改变不了你的生活，决定不了你的未来。从一定程度上来说，这些评论，对于你的人生，根本是无关痛痒的。那么这些话，你也无须句句入耳；即便入了耳朵，也大可放宽心，让其随风而逝。

知识点链接

曾经有一位心理学家做过调查，结果表明，太过在意他人目光的人，往往很难长久地保持幸福感。他们经常因为他人的评价而变得不安、焦躁、失落、彷徨，偶有短暂的兴奋，但其后为了维持这种获得赞美的形象，往往是苦苦支撑，最终身心俱疲，迷失了自我。

放过自己，女孩何必庸人自扰

从古至今，中国人都十分强调"未雨绸缪""居安思危"，这些古人的教诲，是护佑我们人身、财产等安全的宝贵经验。喜欢天马行空的女孩们，有时喜欢设想各种情景，其中就不乏种种挫折和不可知的境地。然而，凡事有度，适可而止。若沉浸其中，一味地为不可知的明天忧心忡忡，为种种假想的困境惶惶不安，那便成了古人所说的"杞人忧天""庸人自扰"了。

《红楼梦》中，宝黛的爱情悲剧历来为人们扼腕叹息。但部分读者从某些角度，指出了黛玉在爱情中的不可取之处。

黛玉的才思，在大观园的众姐妹中称得上数一数二，然而，就是这样才华横溢的女子，在爱情面前，却总是"作茧自缚"。自小丧母、继而丧父，住进贾府的黛玉总有一种寄人篱下的感觉，初入贾府时更是事事小心。失去父母庇护的她，在外祖母的关爱下成长，在宝玉的情意中找到了最大的寄托。

然而，种种"金玉良缘"却一次次让黛玉寝食难安。她冲着宝玉耍小性子，有时闹得竟要贾母出面平息。对于宝玉的感情，她渴望而又不信任。两人说话，常常一两句不对付就大吵起来；宝玉拿着湘云做的扇套（起先并不知情）四处夸了夸，也能让黛玉气得将扇套一剪两段。正是因为她总是不放心，才弄了一身病。但凡宽慰些，这病也不会一日重似一日。而宝玉那头自不消说，也是弄了一身的病，又不敢告诉人，只好掩着。

直到宝玉对她倾诉肺腑，她才明白之前的担忧都只是杞人忧天，宝玉与她早已是两心相系，灵犀相通。而先前的种种猜忌、嫌隙，除了伤身伤心、伤己伤人，又有何益呢？

放过昨天，也就放过了自己；停止自寻烦恼，也就阻止了痛苦的来临。有句话叫作"空想只能误国，实干才能兴

邦"，放在这里也同样适用："空想只能误己，实干才能洒脱。"世人烦恼皆自取，真正的难题降临时，能够解决它的，是汗水，而不是眼泪。

良好气质养成方法

别再终日寝食难安，如履薄冰，让自己舞动起来，潇洒地飞扬青春吧！女孩们，下面几个方法，应该对你会有所帮助。

1. 及时甩掉心理包袱

皮肤在一定的周期内会产生脱落的上皮细胞，即我们常说的"死皮"，同样地，心灵也会在一定的时间内积累下垃圾，需要我们及时去清空。那些无谓的烦恼，在我们心中日积月累，久而久之就成了垃圾，让我们不堪重负。因此，我们应当养成每隔一段时间就整理心灵的习惯。将心中承载的负荷条条罗列，理性分析。有益的，整理归类，着手解决；无用的，就要像对待垃圾一样，及时清除。否则，这些垃圾会逐渐污染整个心灵环境。

2. 询问可靠之人，从善如流

很多时候人们为一些事情烦恼忧虑，往往是因为自己不知道如何应对，也不知道事情未来的发展态势。这个时候，女孩不妨去请教一些经验丰富、头脑冷静、能够客观为你分析问题的人。当局者迷，旁观者清，他人的意见，有时候可以作为很好的参考。

3. 活在当下

对于未知的明天，不妨就让它"留在明天"，过早地担忧，只会让你越发慌乱而不知所措。活好每一天，会让你的信心不断增长，不再忧惧，也会让你的每一段人生路，走得丰富多彩，快意潇洒。

> **知识点链接**
>
> 心理的健康程度对于生理健康有着极大的影响，健康的身体离不开强大的心灵支撑。如今，已经有越来越多的研究成果表明，很多疾病，往往源自病人的心理痼疾。庸人自扰、惶惶不可终日的心态，无疑是威胁人类健康的一大杀手。

个性女孩，让大家印象更深刻

如今，"个性"一词常常被人们挂在嘴边；追求个性，已经成了众多年轻人十分热衷的一种时尚。那么，究竟什么才是个性呢？通常意义上来讲，它具有两种含义。"个性"一词最初来源于拉丁语，指的是演员在舞台上所戴的面具；后来逐渐引申为一个人在生命舞台上所扮演的角色。个性的第二种意思，就是人们常说的"人格"，指的是一个人独特的、稳定的和本质的心理倾向和心理特征的总和。概括地说，个性就是一个人的整体精神面貌。

"小王今天穿得好有个性啊，左边全黑右边全白，老总来的时候盯着她看了好几眼呢！"

"销售部的帅哥追了丽星半年了，丽星死活不肯松口，真是太有个性了！"

"气死我了，昨天刚换的发型，今天就发现和赵姐'撞'了，搞得一点儿个性都没有！"

"他对谁都爱答不理的样子，这是要个性还是要彪啊？"

"这人什么脾气，一句话不对付就翻脸，这也太'个性'了！"

"今年流行的鞋子真不错啊，谁穿着都有个性。"

"你还是不要化烟熏妆吧，你不适合这种打扮，真的。总不能为了追求个性，连美都不要了啊！"

"怎么什么事都要别人点头你才去干？有点个性行不行？"

相对于性格平淡的人，个性鲜明而又独特的人，更容易给人留下深刻的印象，让人产生莫名的好感。社会生活的基本构成与实质就是人与人之间的交流与交换，从而达成自己的各种愿望。作为一个社会人，女孩想要尽可能轻松地与人沟通，就应当主动塑造自己鲜明的个性，以便给人留下深刻的印象，从而为今后的交流和交换打下良好的基础。

良好气质养成方法

我们说的"个性"，不是指有些年轻人追捧的"非主流"，也不是要求女孩飞扬跋扈，过分强调自我。那么，想要给他人留下深刻的印象，女孩应该如何塑造自己的鲜明个性呢？

1. 穿戴有个性

穿戴有个性，不是让女孩把头发染成"彩虹"，穿着"渔网装"，化个"大白脸"，无论怎样个性的穿戴，都应该以适时、适当为主。在穿戴风格适合自己的基础上，女孩可以尝试从人群中脱颖而出。例如，当阴冷的冬天，大部分都穿着黑色、灰色的棉袄时，女孩可以挑一些亮丽的颜色。当大家千人一面地戴着金项链、金耳环时，女孩不妨试试挑一些造型别致、具有独特风格的手工饰品。这些，都可以让大家眼前一亮。

2. 言行有个性

与人相处，女孩应该尽量洒脱干练，但也要注意礼貌用语和言辞亲切，否则，即便大家都承认你相当有个性，可这种个性也是生硬的、让人不快的。无论是工作场合还是其他的社交场合，女孩都应保持精神抖擞的状态，以温和的笑脸和得体的举止面对众人。

3. 内涵有个性

个性不是我行我素，彰显个性是为了让别人更好地记住我们、喜欢我们，是为了更好地融入身边的社会圈子。有交际必然要有沟通，有沟通必须先有话题。想要面面俱到，与大多人都能找到共同话题，女孩需要拓展自己的知识面，丰富自己的内涵。唯有如此，才能在有限的交流中，让他人对你产生无限的好感。

知识点链接

如果说要将个性划分为各个类型的话,可以从以下几个方面划分:

(1)从个体独立性方面划分,个性可分为独立型、顺从型、反抗型。

(2)从社会生活方式方面划分,个性可分为理论型、经济型、社会型、审美型、宗教型。

(3)从心理机能方面划分,个性可分为理智型、情感型和意志型。

(4)从心理活动倾向性方面划分,个性可分为外倾型和内倾型。

人的个性多种多样,影响个性形成的因素也有很多。曾经有学者做过抽样研究,结果表明对个体的个性影响最大的时期是青年时期,而对个体的个性影响最大的因素是其父母。除此之外,民族、性别、出生环境、成长环境、生活环境、亲友等,都给个体的性格形成带来了不同程度的影响。

困难像弹簧，生活就是这个样子

风风雨雨，磕磕绊绊，这是大家熟识的生活常态；一帆风顺、十全十美的日子，古往今来恐怕鲜有人有福消受。如今，女性在社会地位日益提升的同时，要经受的风雨也越来越多。爱情、事业、家庭和来自各方面的压力、挫折就像取经路上的九九八十一难，不断地给女人制造麻烦、增添烦恼。

莹莹和吴歌是发小又是同窗，工作后，两人都进了当地的一家电暖气生产厂。因为这种缘分，两人虽然性格不同，但感情很好，不是姐妹胜似姐妹。

工作几年后，工厂因效益太差，最终宣布倒闭。拖欠了两年的工资，最终只能以存货来抵偿。听到这个消息，莹莹一时傻了眼。吴歌是个利索爽快的人，听说之后，倒也没有随着一帮工人去闹事，而是在通知了莹莹后，便将分给两人的电暖气拉了回去。她回家盘算了几天，便找到还在发懵的莹莹，劝她跟着自己一起干。

"我们厂的产品质量没问题，主要是销售不行。我们北方是集体供暖，需要电暖气的家庭很少。稍往南走一点儿，我们自己去那些不供暖的城市卖，一定会有销路。专家也说了，今年有几十年不遇的寒流。趁此机会，我们销掉这些货，弄点本金，自己做买卖吧。"

然而莹莹却不敢迈出这一步，她认为风险太大，弄不好自己还要赔进去雇车的钱。虽然一时想不到自己以后做什么，但做生意肯定是没戏的。因此，她婉言拒绝了吴歌，整天待在家里幻想着工厂能"起死回生"。

几个月后，吴歌回来了，塞给莹莹一张银行卡。她卖掉了所有的存货，大赚了一笔。而莹莹，此刻还在为工厂没有动静而发愁。

我们常说："困难像弹簧，看你强不强；你强它就弱，你弱它就强。"生活，也是如此。当它向你张牙舞爪时，你

若瑟缩畏惧，它便更加肆无忌惮地欺凌你；你若奋勇还击，它便落荒而逃。

良好气质养成方法

女孩们，想要将自己打造成迎难而上的铿锵玫瑰，首先要做到以下几点：

1. 学会沉淀自己

面对打击、挫折——尤其是这些困难难以对人言说，只能自己承受时，女孩必须学会沉淀自己，让心情在沉淀中缓和，让心灵在沉淀中透彻。漫漫人生路，很多时候，都需要女孩自己去扛、自己去经历；很多事，只能靠女孩自己去完成，旁人无法替代。这个时候，难以言状的孤独感往往会让女孩无所适从、心生畏惧。然而，就像毛毛虫经过努力化为蝴蝶一样，这一层束缚，始终要女孩独自去挣脱。

2. 做眼泪的主人

当消极情绪因种种困境而突然降临时，哭泣，也不失为一种宣泄压力的好方法。然而，女孩们应当努力成为眼泪的主人，而不是眼泪的木偶。适当的哭泣能排除毒素、释放身心；但过度沉溺于哭泣中，不仅让人身心俱疲，更会使哭泣者的勇气随着泪水渐渐消逝。

3. 穷且益坚，不坠青云之志

面对困境，有人退缩，有人抗争，也有人徘徊，凡此种种，皆出于当事人不同的心性。女孩们，若你很早就找到追逐的目标，许下你的愿景，当你身处泥沼而不忘当初的志向，仍敢迈出你的脚步时，生活，还能拿什么来为难你呢？

知识点链接

心理暗示，是一种很强大的武器，当你利用好它，用它来将自己武装到牙齿时，任何困难、阻碍都会被你的"利齿"撕碎。但若你不能驾驭它，反被它操纵，那从一开始就会注定是一败涂地。遇到挫折，不要先问自己"怎么办"，而要先告诉自己"我能行"。

展开胸怀，让你的心灵洒满阳光

　　任何事物都具有两面性，不同的人出于不同的角度和心态，看到的东西也不一样。阳光普照的春天，面墙的人只能看到一堵光秃秃的墙和自己的影子，顾影自怜、感时伤春；转过身的人，却看到了眼前大好的春光。对于女孩来说，一颗积极向上、充满阳光的心，远比任何宝贝都珍贵。

　　在大家眼中，玛丽似乎是个永远没有烦恼的女孩。

　　考试考砸了，她说："好在只是模拟考，这是上帝提醒我要更加努力了。"

　　出了意外，脸上缝了针，她说："嘿，这倒不错，我比起其他女孩更有辨识度了。"

　　工作业绩最好，提升机会却总是被"关系户"抢去，她说："不急不急。瓦特公司的订单还没拿下呢！不久以后，我要让这个公司最大的客户帮我成为'关系户'。"

　　遇到客户蛮不讲理，粗鲁地泼她水赶她离开，她说："幸亏我和这位客户多聊了一会儿，不然，他用刚倒出的热水泼我,那可真要命了!"

男友变心,她说:"差一步就结婚了,好险好险,感谢上帝。"

查出肿瘤,需要手术,她说:"我是多么幸运啊,在癌症早期就查了出来。上帝,我竟这样赚回了好多年!"

心态,决定你看到什么,更决定你将来成为什么。难以敞开心扉、阴郁消极的人,无论阳光如何慷慨,也无法照耀进他紧闭的心门,他的一生,难免冰冷阴暗。女孩们,张开你的怀抱,让阳光洒满你的心灵吧,生命之树需要阳光的恩泽,生命之火需要光明来点燃。心灵沐浴了阳光的女孩,能像太阳一样温暖别人,她那和煦而温馨的气质,让人经久难以忘怀。

良好气质养成方法

为了保持阳光的心态,女孩们可以尝试哪些方法呢?

1. 放下忧伤,多想想开心的事

人生在世,不如意事常八九,面对苦痛,很多人容易深陷其中难以自拔。这种时候,女孩要学会主动提醒自己走出悲伤,不能让负面情绪将自己制伏。放下忧伤,不是说要不停告诉自己"别想了""不许哭",这样做往往适得其反。我们可以主动去回忆一些开心的往事,或憧憬一下美好的未来。这种自然的转换,远远好过生硬地切断思绪。

2. 主动"迫使"自己转移注意力

如果女孩难以自控情绪,无论如何提醒都无法让自己从悲戚的情绪中解脱出来,那么,这时不妨换个环境,换种方法。一个人闷在屋里的,不妨邀上三五好友去看场电影或逛逛街;人群中更觉寂寞的,不妨回到家中做顿大餐犒劳自己。环境的转变,往往能在相当程度上转移人们的注意力,若当事人积极配合,拥有尽早走出阴霾的意识和渴望,更能起到事半功倍的效果。

3. 培养兴趣,多多益善

人们胡思乱想,往往是因为"闲散"的时间太多。当我们的时间和心思被各种事务占据时,便没有精力再去"品尝"悲伤。日常生活中,女孩应当尽量培养一些有益的兴趣，阅读、旅游、听音乐、运动、书法、茶道、插花、棋艺等，这些能够陶冶身心的爱好，往往能让人沉醉其中，浑然忘我。

知识点链接

我们都知道，人类的心理会反应在行为上。例如，心情不好的人，往往愁眉苦脸、唉声叹气。但其实，人类的行为，也能反作用于心理。当你心情欠佳时，提醒自己保持微笑，不知不觉中，你的心情也会转晴。

第 *02* 章

做悦己助人的女孩，你的爱心可以温暖世界

帮助他人，是一种细小处见伟大的行为，更是一种无声中显高贵的品格。乐于助人的女孩，她们拥有善良的心灵，散发迷人的气质；她们感恩世界，在回馈中享受奉献的快乐。爱心，是女孩身上最大的闪光点，是人类文明最宝贵的财富。乐于奉献的女孩，是最美丽的女孩；懂得感恩的女孩，是最智慧的女孩。

坦诚相待，率真的女孩惹人怜爱

在这个纷繁芜杂的年代，很多时候，女孩们为了自我保护，不得不隐藏起真实的自己，与人虚与委蛇、敷衍应对。这固然是一种维护各方面安全需求的策略，但沧海桑田，无论在什么时候，人们最为欣赏的，仍旧是那个真实、诚恳的女孩。

"关系户"韩勇来到销售部半年了，至今一单未签。领导为了重点"扶贫"，特意将销售冠军娜娜和韩勇绑在了一起，让他们携手签下与王中王公司的这笔大单。只要这个订单拿下，公司今年的业绩将较去年增长30%。

对此，与娜娜交好的同事都替娜娜鸣不平，认为韩勇这种"吃白饭"的人，只会给娜娜拖后腿。娜娜听了，反倒安慰了同事几句，其他的什么也没说，便开始着手准备各种资料。

半个月后，这笔订单竟真的让他俩拿下了，而且定价高于均价一成。为此，部门特意举办了庆功会，以表彰二人。庆功会上，性情耿直的部门经理率先举杯敬娜娜，而没有邀韩勇同饮。对此，韩勇并不在意，只是跟着大家一起为娜娜鼓掌。然而，娜娜却推辞说："经理，这杯酒我实在不敢当。这笔订单，完全是韩勇的一人之功。"见大家都不相信，娜娜又作了进一步解释。原来，韩勇和王中王公司的"少东家"熟识，他知道这位少东家贪杯，酒后就变长舌，因此这些天每日都找他"厮混"，从他那里了解了许多王中王公司的内部消息，从而在谈判中占据了主动。

大家明白事情的原委后，对于娜娜的喜爱并没有减少，反而更加欣赏这个坦率的女孩了。在经理的带领下，大家共同敬了娜娜和韩勇一杯酒，并为他们献上了经久不息的掌声。

待人坦诚的女孩，活得坦荡、活得自在。她们心底无

私，以一颗真心待人，投人以木瓜；旁人与她们相处时，可以放下防备之心，感受到一份难得的轻松惬意，于是，便会以自己的真心回报，报之以琼琚。她们不必每日钻营，不必整天算计，她们干净纯澈的笑容，是这世间最美的风景。

良好气质养成方法

坦诚待人不是大大咧咧地口无遮拦，也不是没心没肺地任意妄为。想要让他人感受到你为人的坦诚率真，女孩不妨从下面几个方面入手：

1. 肯定他人的优点与成绩

面对他人的优点和成绩，女孩不应妄自菲薄，更不应心生嫉恨，当然，逢迎拍马也绝非可行之举。女孩们应当以谦逊的心态、欣赏的目光，向他人表达真挚的祝贺与钦佩。你的赞美彰显着你广阔的胸襟，你的真诚散发出你澄澈的气质，这些，都将让你无比美丽。

2. 承认自己的缺点与不足

人们说某个人虚伪、不真实，无外乎此人逢迎别人或是隐藏自己。而很多时候，有些人想极力隐藏的，并不是什么见不得天日的"大恶"，而只是一些让自己不满意、怕别人介意的小缺点、小毛病。对于不足，女孩们不妨勇敢承认，正视才能治本。一味地隐藏遮掩，不仅让自己终日活在惶惑中，还可能造成别人对你的误解。

3. 待人以诚、示人以真

任何伪装或谎言，都有被拆穿的那一天，只有真诚，才是永恒的制胜法宝。将自己真实的一面坦率地示于人前，或许这会让你在短时间内被误解，但时间是考验一切的试金石，待拨云见日之时，喜爱你的人会加倍喜爱你，曾经误解你的人，会加倍呵护你。

知识点链接

心理学家马斯洛将人类的需要分为五个层次：生理的需要、安全的需要、爱和归属的需要、尊重的需要和自我实现的需要。由此可见，人们对于安全的需要，仅次于维持生存的生理需要。为了让自己的安全感不被挫伤，每个人或多或少都会对他人持有防范之心。而让人感到真诚的人，可以在很大程度上降低人们的防备心理，从而更快虏获人心。

亦敌亦友，
对手是我们终身的伙伴

人们常说，女性总是热衷于比较。小时候，比谁的裙子漂亮；上学了，比谁的成绩好；工作了，比谁的奖金多；结婚了，比谁的老公帅；有娃了，比谁的孩子强；退休了，比谁家的花侍弄得好……其实，不唯女性，男性之间，无论是情场、商场、战场，哪怕是在小小的棋盘之上，也常常要拼个你死我活。这种竞争心理，是人类与生俱来的天性；而这种天性，也使得我们的人生中走进了一个亦敌亦友的角色——对手。

一家生产冰箱的工厂，生产效率总是难以提高。尽管工厂管理层试过了各种方法，可总是不见成效。

工厂老板想了很久，有了对策。这天，他趁白班工人快下班时来到车间，问车间的白班领导这个班次生产了多少台冰箱。白班领导报出8台后，老板用粉笔在车间的黑板上写了个"8"。

夜班工人来接班时，见黑板上的数字，纷纷询问。知道了其中的缘由，心中有些不是滋味。不知不觉中，每个人手上的动作都变快了。到夜班工人下班时，夜班领导在黑板上写下了"11"。

白班工人上班时，那个"11"刺痛了大家的眼，他们也不说话，每个人都铆足劲儿开始了自己的工作。终于，他们对夜班工人"还以颜色"，用"13"抹去了"11"。

过了几天，老板又出了新招。他让两位车间领导在黑板上写下两个数字，一个是本班工人当天生产的冰箱数量，一个是本班工人在三天前生产完、经检测质量为优等的冰箱数量。这样一来，两个班次的工人更是互不相让、情绪高涨。不到一个月的时间，工厂的生产效率就得到大幅度的提高，产品质量也更上一层楼。

大家耳熟能详的"鲶鱼效应"，就是通过强调竞争机制，凸显了对手的重要性。对于我们来说，如果我们自认是受人追

捧的沙丁鱼，那么对手就是放入沙丁鱼中的鲶鱼。从经济角度来讲，鲶鱼自然远远不如沙丁鱼——这种身份比喻符合人类的竞争心理，毕竟谁也不太愿意承认自己不如对手——然而，我们应该牢记的是，鲶鱼是让沙丁鱼能够长久存活的保障；对手，是保证我们最大限度实现自身价值的必需品。

良好气质养成方法

在这个处处充满竞争的社会里，面对对手，女孩们，你们该对他人和自己说些什么呢？

1. 伸出手，向对手道谢

在人生道路上，对手给了我们压力，也给了我们动力。相对于男性，部分女性更容易满足于现状，对于自己未达到的高峰，并没有足够的意愿和意志去攀登。然而，正是因为对手的存在，才使得很多女性开始警觉，不断迈出前进的步伐，向着越来越好的自己靠近。因此，竞争双方虽是对手，也算朋友。女孩们，友好地伸出你的手，向对手说一声谢谢，化解双方的"敌意"吧。

2. 握起拳，为对手加油

在良好的竞争关系中，竞争双方是处于双赢状态的。从一定程度上来说，双方的实力变化，几乎是成正比的。你强，我便迎头赶上，锐意进取；你弱，我便开始懒散，"知足常乐"。因此，当我们发现目标的对手已经被自己甩开一大截时，并不值得欢天喜地。督促他、帮助他，与他共同进步，才是于双方都有利的竞争状态。

3. 不懈怠，你们的相伴很长久

漫漫人生路，沿途有数不清的风景，更有数不清的对手。告别了这一个阶段的对手，下一段旅途，还有新的"敌军"对我们"虎视眈眈"。因此，女孩们，切不可因为战胜了一个对手就从此懈怠。

知识点链接

在心理学中，还有一个和"鲶鱼效应"相似的心理现象，叫作"犬獒效应"。这一效应得名于藏獒的遴选方式。当幼犬长出牙齿、具有撕咬能力后，犬主人就会将几只幼犬关在一起，并断水断粮，让这些幼犬相互厮杀，最后活下的那只便成为主人的伙伴。同鲶鱼效应相似，犬獒效应强调的也是竞争。只有正视对手，保持竞争，才能维持个人、企业乃至民族的活力。

奉献爱心，你的美丽照耀世界

"只要人人都献出一点爱，世界将变成美好的人间。"二十几年前，歌手韦唯的一首《爱的奉献》，红遍了华夏九州，也唱暖了大江南北。千百年来，中国人推崇的重义轻利、仁爱治国等理念，无不渗透着先贤们对于社会大众仁心义行的殷殷呼唤。爱心，是这个世上最暖的阳光、最美的花朵、最珍贵的宝藏。

美国作家杰尼·巴尼特在其作品《爱之链》中，讲述了这样一个故事：失业的乔伊开着他的旧车四处奔波，劳碌了一天也没有找到工作。晚上，在回家的乡间小路上，他遇到了一位因为汽车爆胎而被困的老妇人。对于老妇人的困境，他感同身受，于是热情地帮助老妇人换好了轮胎，甚至弄伤了自己的手。当老妇人向其询问报酬时，乔伊愣住了，因为在他看来，帮助有困难的人是天经地义的事，于是他表示分文不取。临别时，他对老妇人说，如果遇到需要帮助的人，就给他一点儿帮助。

老妇人驱车来到了一间乡间的小餐馆,看着已经大腹便便仍在辛苦工作的女店主,老妇人想起了乔伊的话,饭毕留下了远高于餐费的钱,不辞而别。女店主看着老妇人留下的纸条,上面写着自己曾在困难时受过他人的帮助,因此也想帮帮女店主。女店主感动得泪眼盈盈,回到卧室,亲吻了已经睡着的丈夫乔伊,呢喃着说:"一切都会好起来的"。

的确,爱心就像一条锁链,围绕着每一个心存善意的人。当你付出爱时,锁链的那一头必然给出回应,并且会将这种爱传递下去。富有爱心的女孩,会以其温暖的光辉感染着身边的人。当身边的人受其感召,做出回应并将女孩的温暖不断扩散时,世界各地,将陆续绽放爱的花朵,散发爱的光芒。

良好气质养成方法

每个女孩的心中,都住着一个善良的天使。那么,心中的爱,女孩们又该如何付出呢?

1. 从小事做起,从身边做起

很多人有着一种认识上的误区,认为爱心是一个很高层次的词汇,只有那些动辄捐出巨额款项的行为,才叫大爱。其实,大爱无疆,大爱无形,每一个爱心举动,每一点爱心付出,都是大爱,都是能改变世界的力量。看到垃圾捡起来丢进垃圾桶,这是爱;扶起摔倒的小朋友,这是爱;公交车上给老幼病残让座,这也是爱。爱心不拘形式,不拘规模,重要的,是实实在在的行动,是真心实意的付出。

2. 力所能及,便不要拒绝

相比起男性,在有些方面,女孩的力量是薄弱的。然而,当他人向女孩寻求帮助时,只要力所能及,便不要拒绝。开口求人本就是一件十分为难的事,当别人已经向你开口时,那便是真的无可奈何了,这时的拒绝,对于求助者来说无异于雪上加霜。例如,女孩自然难以独力为老妇人更换轮胎,但女孩可以为老妇人找来能够帮她脱离困境的帮手。

3. 主动关怀,让爱心成为一种习惯

遇到面露难色之人,只要条件允许,女孩应当主动表示关怀,上前询问是否需要帮助。当你主动的次数越来越多,奉献爱心便越来越成为你的习惯。日复一日，无数看似举手之劳、微不足道的小小善举累积起来，你的爱就能汇成江海。

知识点链接

人们常说"相由心生"，乍听之下这不过是古人的唯心观点，但现代科学已经证明，这一说法不无道理。即便是五官几近相同的双胞胎，因为各自心态的不同，也会导致思想有所差异。一个心中充满爱的人，他的心境宁和，因此通常精神奕奕、神采飞扬；一个终日算计的人，他心事重重，多半面色黯淡、容颜不振。其实，这里所说的"相"，更多指的是一个人的精神世界所养育出的气质。

你来我往，要回报必先付出

中国人历来讲究礼尚往来，更强调"将欲取之，必固予之"。高尔基也曾经说过："如果你在任何时候、任何地方，你一生中留给人们的都是些美好的东西——鲜花、思想以及对你的非常美好的回忆——那你的生活将会轻松而愉快。那时你就会感到所有的人都需要你，这种感觉使你成为一个心灵丰富的人。你要知道，给永远比拿愉快。"是的，欲求人爱者，必先会爱人。一个什么都不愿付出的人，谁会愿意对他倾心以待呢？

小蕾住的小区较为偏僻，每天早晚，除了小区门口一个老大爷的馄饨摊，没有其他的摊位卖早点或夜宵。冬天时，馄饨摊的生意还不错，到了夏天，生意就清淡了下来，大爷的摊子也就收了。

这些天，小区附近接二连三出现治安问题，偏偏小蕾的工厂最近在赶活，每天都要加班到很晚。每晚回来时，小蕾都心惊胆战，偶尔的野猫经过也能让她尖叫起来。正当她担惊受怕时，她惊喜地发现，大爷的馄饨摊又摆了起来，而且增添了设备：在朝向小区门里的车尾上，挂了两盏矿工灯，照得路上清清楚楚。

小蕾特意要了碗馄饨，坐下和大爷聊了几句，顺便感谢大爷的灯光。大爷憨厚地笑了，说没什么。他表示，正是因为最近小区不太平，才又重新摆起了摊子，一来给大家照个亮，二来只要这门口摊子上聚几个食客，贼人胆虚，也就不敢来了。

对于大爷的心意，住户们很快便都体察到了。大家并没有你一言我一语地去说些感激涕零的话，而是自发地让大爷的生意火爆起来。

付出不一定有回报，但不付出就一定不会有回报。女孩在与人相处时，一定要记得这个道理：人与人之间的交往，

互惠互利是基本原则。参与到人际交往中的人,有的求名,有的为利,有的重情,这种种的需求中,绝没有"只是为了付出"这一条。礼尚往来,讲究的就是你来我往,有来有往。

良好气质养成方法

女孩们,想要收获甜蜜的果实,必先经过勤劳的耕种。那么,在与人交际时,你又该如何做,才能让汗水不白流、种子不白种呢?

1. 主动一点,做先出手的人

所有的交际、沟通,都必定要有一方先踏出第一步。所谓礼尚往来,也需要有人先有礼,而后才有你来我往的交流。这个时候,率先出手的人,就掌握了双方交际的主动权。此外,若一味地被动等待,不仅有可能错过很多机会或良师益友,还有可能让别人误以为你是个不愿付出、害怕吃亏的人。

2. 有来有往,可持续发展

若别人先于你出手,主动向你示好,那么你就应当在适当的范围内积极回应对方。当第一次友好互惠的交流达到预期效果后,彼此之间的互动会更加频繁而亲近,从而进入一个良性循环,使双方之间的互惠交流走上"可持续发展"道路。

3. 易地而处,学会感恩

没有人生来就该为你做这做那,即便是父母,他们对你的付出，也是源自舐犊之情，而并非上苍派遣他们来专职照顾你。易地而处，才能体会他人的不易，主动示好、学会感恩，才能知道他人的付出，及时回报。

知识点链接

　　心理学家认为，人际交往从本质上来说就是社会互换的过程。在交往中，人们相互之间给予彼此需要的东西。这也就是人际交往的一项基本原则——互惠原则。大部分人都秉持"知恩图报"的信念，受到他人的恩惠以后，往往会以相似的方式回报对方的付出。简言之，我们付出爱心，通常情况下也能换回别人的爱心；我们的行为，很大程度上决定了对方的回应方式。

感恩的心,让你看到更美的世界

生活,永远不会是我们最想要的那个样子;得失,也永远不会呈现我们最满意的结果。面对生活中的不如意,有人抱怨、有人懊恼;看着种种惨痛的失去或不尽如人意的得到,有人不甘、有人嗟叹。然而,一味感伤哀悼,除却白白虚耗我们的大好光阴,不复有他。如果女孩们能够换个角度,调整心态,以感恩的心来看待一切,就会发现,原来世界是这么美好,自己是如此富有。你的生命,会因为这颗感恩的心,绽放出璀璨的光华。

十几年前的《读者》杂志上,曾经刊登过一篇名为《感恩》的文章。文章中,作者因为在美国的一次经历,而改变了自己心中"感恩"的定义。在以前,作者一直觉得感恩是感谢那些对自己有大恩大德的人,直到遇到了那三个黑人孩子。

在某个旅馆的餐厅,作者看到三个孩子在埋头写东西,出于好奇便上前与他们攀谈起来。孩子们并不害羞,很大方地与作者聊天。谈话中，看上去十二三岁的老大告诉作者他们是在给妈妈写感谢信。作者表示不解，随即便被告知这是他们每日必做的功课。惊讶中，作者参看了孩子们的感谢信。信中并没有什么感激涕零的讴歌，也没有深情款款的表白，有的只是一些简单的话语。例如，"昨天吃的比萨很香""路边的花开得真好""昨天妈妈给我讲了一个很有意思的故事"。

这些简单的语句，令作者震惊，并慢慢体会了这位母亲的苦心。母亲让孩子们每天写感谢信，并不是要他们感谢自己，而是要让孩子们从小就养成一种品德：不论大小，对于美好的事物，都要懂得心存感激。在作者和他身边的人看来理所当然的事，因为有着感恩的心，孩子们才能生出幸福感。在这些孩子的眼中，勤苦工作的妈妈，相亲相爱的兄弟姐妹，热心帮忙的同伴，都是美好的，而这个世界，也因为这些美好而变得更加美丽。

感恩，是一种态度，也是一种行动。得意时，感恩让你成长；失意时，感恩让你坚强。它是你在发现美好时的会心一笑，也是你在面对荆棘时愈加昂扬的嘴角；它是你回报他人、奉献社会的行动指南，也是你笑看风云、驾驭人生的心灵支柱。

良好气质养成方法

人类与生俱来的天性有很多，却并不包括"懂得感恩"。一颗感恩的心，需要女孩们主动地自我培养、自我塑造。

1. 感不必深，恩不必大

不得不说，时至今日还是有一部分人，对于感恩的理解与上述故事中作者原先的想法大致相同。当然，这种理解并没有大错，但是它将感恩的范围缩得太小，又将其层次提得太高。简单来说，感恩一词本身强调的是一种心态。这种心态，是一种正面、积极的生活态度。生活中，处处都有值得我们感恩的地方，每件微不足道的小事都值得我们赞美。而这种感恩、这种赞美，不必大动干戈地深入骨髓，只要真正发自内心，让心灵感受到美和平静，就足够了。

2. 爱自己，才能爱生活

一个人只有热爱自己，才能爱别人、爱社会、爱自然。一个人只有付出并享受了众多的爱，才能保持不灭的激情，才能在这些激情里，品尝生活的美妙，领略幸福的真谛。

3. 遇事多向积极方面看

事物都是具有多面性的——也可以说，再坏的事，总有它好的一面，关键看你能不能发现并懂得感恩。安徒生的童话《老头子做事总不会错》中，老农夫将家里的一匹马牵出去，打算去集市换点儿需要的东西，结果老头子马换牛，牛换羊，羊换鹅，最后竟只换了一袋烂苹果回来。老太婆没有指责他，也没有难过，反而开心地说这下可以回击那个吝啬太太了。也正是她这种乐观、感恩的心态，为老两口赢得了120枚金币的意外之财。

知识点链接

不同于古人流传下来的"感恩戴德""感恩图报"等词汇中的意思（感激别人对己所施的恩惠或好处），今天我们常说的"感恩"，其实是一个舶来词。相对于前两者强调的受惠者对于施惠者本身的感激与回报之心，如今的感恩，主要着眼于个人对于生活的态度，对于世界的认知，对于自然、社会的回馈等方面。这是一种处世哲学，也是一种人生智慧。

不惧挑战，
命运按不下女孩高昂的头

十几岁的女孩，可能为了一次考试失利而痛哭流涕，可能因为心中隐隐的悸动而辗转难眠。到了二十几岁，走上工作岗位，经历了一两场逝去的爱恋，再回过头来，发现十几岁时的痛苦原本是微不足道的小事。生活本是如此，每当你逃脱厄运、渡过难关，总会回过头来讪笑自己当时的软弱——其实，并不是当初的自己软弱，而是你在不断的斗争中，积聚了力量，获得了成长。

海伦·凯勒的一生，历来被人们当作励志教材的典范。这位美国著名的女作家、教育家、慈善家、社会活动家，以其超乎常人的意志，克服了身体缺陷造成的障碍，完成了很多正常人终其一生都难以企及的事业。

海伦刚满周岁时，家人发现她有着超乎寻常婴儿的天赋，为此十分高兴。然而好景不长，没过多久，一场大病就夺走了海伦的视力和听力，更让她变得十分暴躁。伤心的父母试图用自己的办法教育海伦,然而海伦依旧无法与外人沟通。为了女儿的将来,在她7岁时,父母请来了影响海伦一生的导师安妮·莎莉文。

在莎莉文的谆谆教诲下,海伦靠着双手的触觉,学会了认字、读书、手语。后来,莎莉文请来一位专家,教导海伦用手来学说话。经过艰难的努力,海伦终于突破器官障碍,能够开口说话。

在无声无息的黑暗中,海伦用触觉感受、认识这个世界。无论寒暑,她没有一日中断学习。1896年,她考入哈佛大学附属剑桥女子学校。1900年,她考入哈佛大学的拉德克利夫学院。掌握英、法、德、拉丁、希腊五种文字的她,成为著名的作家和教育家。成名之后,她奔走于世界各地,为服务残障人士的慈善事业献出了毕生的精力。同时,她笔耕不辍,一生共著有14部作品,其中就包括在世界上引起强烈反响的《我的生活》《假如给我三天光明》《中流》《走出黑暗》等。

不惧艰险，勇敢迎接命运的挑战，越挫越勇、屡败屡战，女孩们要做到这些，往往要比男性付出更多。然而，正是因为这种不易，每当登顶之时，相信女孩心中升起的成就感，会极大程度地充实她的信心，让她更加热爱生活、热爱世界。

良好气质养成方法

女孩想要拥有与命运抗衡的力量、成为挺立山巅的巾帼豪杰，应该注意哪些方面呢？

1. 反思过去，而不是一直后悔

过去的每一段路，都是我们自己一步一个脚印探索出来的。无论途中我们是荒唐还是幼稚，是软弱还是不堪，这些都是宝贵的经验和财富。我们的人生，也是由这一段段的旅程组成的。如果完全摒弃昨日的种种，那么当我们走到生命的终点时，属于我们的能有多少行程呢？有部电影中曾说："人不要一直后悔。如果你一直后悔，那只能说明你一直在做错。"是的，人生没有回头路，对于过去，我们也没有必要后悔，重要的是反思和总结，受教与改正。仔细回顾昨日如何败在命运脚下，今日的我们才能不重蹈覆辙。

2. 把握今天，而不要荒废

把握好每一个今天，是驾驭人生的关键所在。坚强的翅膀，是在一次次的风吹雨打中渐渐变硬的；人生的成长，是在每一个今天的努力中积累而成的。你的坚持一日不停止，你的能力就永远没有极限。昨天的你虽被命运打倒，今天你站了起来，那么你就又赢了命运一次。那些迟迟"不肯长大"，在命运面前总是败下阵来的人，往往是那些别人挥洒汗水时他却在"忆往昔峥嵘岁月稠"或"今日复明日"的人。

3. 期待未来，而不可幻想

未来，值得每一个女孩期待，更值得每一个女孩为之努力。爱幻想是女孩的天性，但不同的是有的女孩明白幻想就是幻想，在浮世间奔波劳碌后，可以偶尔躲进自己的象牙塔里小憩片刻，随后便必须出塔继续与命运抗争；有的女孩却将幻想当作了唾手可得的"现实"，终日将自己锁在城堡中，以为自己不费吹灰之力就能将命运碾在脚下，结果只能是虚度年华，到头来只得任由命运摆布。

知识点链接

人类的潜能极限到底在哪里，永远是人们津津乐道而又争论不休的话题。这里，我们抛开众多复杂的数据与实验，简单为大家介绍一点个人潜能的激发方式：内心平和充实、对自己有着深刻了解和客观认识的人，往往更容易发掘出个人潜能。专家建议，每天为自己留出十分钟，静下心来，认真思考一下这一天发生的事中的利弊得失。冷静而客观地分析出各种利弊并找到应对方案，对于激发个人潜能至关重要。

第03章

做胸怀宽阔的女孩，内外兼修培养大方气质

许多聪慧的女性早已发觉,很多时候,计较得越多,失去得越多。所以,越来越多的女性开始主动调整心态,与"计较"分手。女孩们,让自己的心胸宽广起来吧!宽广的心胸让女孩不再斤斤计较,远离凡俗的烦恼,在"吃亏"中占得先机;宽广的心胸让女孩尽显大方气质,赢得人们的尊重,在"不争"中赢得更多。

你有多讨厌我，我便有多尊重你

成长过程中，很多女孩都有着这样的困扰：不知道谁欣赏自己，只发现有人讨厌自己；没听过别人夸自己，却要接受别人批评、指责甚至是羞辱自己……人生道路上，每个人都会或多或少地有一些"敌人"，受到一些冒犯。面对这些挑衅时，你是选择奋起反击，还是默默忍受呢？

"唾面自干"这个成语，相信很多人都耳熟能详，但若说到具体的出处，只怕很少有人知其详尽。

"唾面自干"的说法，来自唐代名臣娄师德对于其弟的劝告。娄师德是唐朝的宰相、名将，历经太宗、高宗、武周等朝。在那个风云变幻的年代，在武则天手下众多酷吏的阴影下，他能够出将入相，数十年保全己身，是十分不容易的。他的秘诀，就在于与人和善，在于"唾面自干"。

有一回，娄师德的弟弟被任命为代州刺史，娄师德去为他送行，临行前，娄师德问弟弟："我已是宰相，而你又即将担任州牧。如今娄氏一族荣宠太甚，很容易招来嫉恨，你打算如何保全一家老小呢？"弟弟想了想，答道："从今而后，即便有人吐我一脸口水，我也不敢还口，只管擦去口水，让兄长放心。"

娄师德听了，摇了摇头："我正是担心你会这样。人家对你大发雷霆，才会吐你口水。你若把口水擦了，就表示你对此不快，如此岂不更叫人恼怒？人家吐你口水，你不可还口，也不可擦去，而应笑着接受，等脸上的唾沫自己干掉。"

面对各种来自他人的敌视或嘘声，最好的回应，就是一个温和淡定的笑容。这样的回答，让对手的攻击无处发力、难以为继；这样的气度，让对手相形见绌、自惭形秽，让大家为你喝彩。

良好气质养成方法

那么，女孩该怎么做，才能用微笑化解他人的敌视，不让自己陷入"冤冤相报何时了"的境地呢？

1. 保持微笑，即便内心已翻江倒海

无论在什么情况下，女孩都应该保持笑容，以一贯的宽和对待他人。即便你的内心早已咆哮，但你的脸上依旧要面带微笑。愤怒的回击会让你气质尽失，让对方如愿以偿，看到你的失态。而你的失态，很可能让不明就里的他人也产生误解，更会让对方看到成效，从此更加乐于此道。

2. 调整心态，你的宽容比报复有效

保持脸上的微笑后，女孩要做的第二步就是及时调整好自己的心态。你要知道，很多战争之所以旷日持久，就是因为你来我往、针锋相对。若他人的攻击得不到你的回应，那就如一拳打在了棉花堆上，让他有力无处使、不知下一步该如何是好。而你的宽容，却赢得了大家的赞赏。

3. 易地而处，将心比心地化解敌意

每个人的情绪都需要一个宣泄口，不论这种情绪是正面的还是负面的，都需要以各种形式发泄出来。有人攻击你，那就表明你的某些行为或态度使对方产生了不悦。这时，女孩不妨仔细想想，自己的做法，是否也有不妥之处呢？如果自己并没有错，而是对方误解了你，那么何不以宽大的胸怀，主动去化解这份敌意呢？

知识点链接

某项心理研究成果表明，对于因负面情绪而对他人产生攻击性行为（如文字、言语、身体等方面的攻击），受攻击方的针锋相对往往会引起攻击方更加激烈的打击行为，其中就包括"君子报仇十年不晚"式的长久纠缠。其原因就在于受攻击方的回击使得攻击方原有的负面情绪难以宣泄甚至瞬间激增，从而导致其过激行为的产生。

拒绝狂妄，
看清自己才能把握人生

众生百态，世上从没有两个完全一样的人。无论是长相、身材还是性格，每个人都有着自己的特色。单从性格方面说，有人谦逊，有人桀骜；有人内敛，有人张狂；有人明白海阔天高，人上有人；有人却不知天高地厚，以井底之蛙的眼界狂妄自大。

秦朝末年，群雄并起，其中刘邦和项羽的势力最为强大。秦亡以后，项羽倚仗灭秦的功劳和震慑天下的武力，大行分封，并将刘邦封到了偏远的汉中巴蜀地区，对此刘邦十分不满。

第二年，项羽率领大军前往东部平定齐国之乱。趁着项羽的后方空虚，刘邦贸然决定出兵伐楚。他率领号称五十六万之众的军队倾巢而出，一路东进，所向无敌，很快就攻破了彭城。

攻进彭城以后，刘邦被胜利冲昏了头脑，以为自己真的已经打败了世人都言不可匹敌的战神项羽。他认为，自己大军五十六万，兵强马壮，而项羽四处征战，早已人困马乏，不堪一击。他整日醉生梦死，"接收"着项羽从秦宫劫掠来的珍宝，享受着项羽从咸阳带回来的美女，得意忘形。

然而，早在刘邦向东进军时，项羽就准备好以彭城为诱饵，引诱刘邦上钩。虽然刘邦进驻彭城后也有所防备，在彭城的北面和东面都布有重兵把守，但项羽却兵行奇招，从西面偷袭。结果，刘邦大败，家人被项羽掳去，自己也险些被捉住。而彭城之战，也是刘邦自起兵以来，遭遇的最大的一次惨败。

狂妄，会蒙蔽人的双眼，使人看不清自己，更看不清眼前的道路；狂妄，会让人忘乎所以，毫无察觉地走上不归路。三国时期的祢衡，世人皆称赞他的文采和辩才，但狂妄让他郁郁不得志，最终断送了自己的性命。有才之人尚且如此，那些本就无知而又狂妄的人，他的下场，又会是何等的凄凉！

良好气质养成方法

女孩该怎样做，才能远离狂妄、认清自己，牢牢把握好自己的人生呢？

1. 跳出"井底"，看看天地

有些人狂妄，是天性如此，或恃才傲物；而大部分人的狂妄，往往源自无知。没有看到珠峰，便以为脚下的山丘是世界的巅峰；没有看到大海，便以为眼前的河流孕育了万物。女孩们，想告别狂妄，首先要跳出井底，看看天有多宽，海有多广。当你觉得自己是"恃才傲物"时，不妨多去看看世间的"才"，探探其底蕴到底有多深。

2. 看人优点，识己不足

多看看别人的优点，就知道别人并不比我们差，他们的身上还有很多东西值得我们学习；多看看自己的缺点，就知道我们并不比别人强，我们还有很多方面需要改进。保持这种看人看己的态度，女孩就会充满动力，摆脱狂妄，重新步入完善人生的旅途。

3. 切记狂妄之害

很多人认为年轻人血气方刚，"狂一点没什么"，往往是因为没有看到狂妄带来的种种弊端，且没有深刻认识到这些弊端的严重危害。从自身的方面来说，狂妄让人过高评价自己，使得自己失去前进的动力和机会；从他人的角度来说，你的狂妄会在不经意间伤害对方，招来对方的白眼。因此，无论从自身进步还是人际关系来说，狂妄都是一味毒药，必须远离。

知识点链接

"夜郎自大"，是个不值一哂的笑话，闻者或哭笑不得，或一笑而过。自大的夜郎之所以只是贻笑大方，是因为它的狂妄没有触及到他人的"逆鳞"——泱泱大汉，声威岂会因一夜郎而减损——因此并没有招致他人的打击。而现实生活中，很多狂妄自大的人之所以惹人厌烦甚至招来仇恨，往往是因为他们在过分炫耀自己的同时，触动了大部分人的神经。他们对自己的吹嘘实际是变相地贬低他人，这会让部分不够自信的人的自尊心受到伤害，因而产生排斥、厌恶的心理。

韬光养晦，做人宜低调

年轻的女孩刚进入社会，总会面临很多意想不到的局面：自己才华横溢却得不到欣赏，四处投递简历无人问津；勉为其难进入一家不起眼的公司，却被安排打杂、跑腿；自己认真做事一丝不苟，却总有突如其来的"黑锅"扣到自己身上……面对这些，女孩们该如何应对呢？

公司新来了两个女孩，一个叫雯雯，漂亮开朗；一个叫安安，沉默内向。虽然都是名牌大学毕业生，但两人初来乍到，只能负责一些基层业务。雯雯负责打印、收发文件；安安则负责整理报销单据。

不到一个星期，雯雯就成了办公室的"焦点"。她发起一场又一场的"聊天大赛"，并且每每夺魁。她向办公室里的"老人"们诉说自己的不幸：大学四年成绩优异、积极参加各项活动，德智体美劳全面发展……如今竟然只能干这些打杂的活。

安安则自始至终都没有加入这些"比赛"。她本就内向，不愿说话，到了这个公司以后，更是"惜字如金"，除了必要的沟通，她和同事以及领导再没有其他交流。每天到了公司，和每个人打完招呼后，她就坐在自己的办公桌前，安静地整理单据。

三个月后，老板来部门视察，并加入了部门的例行会议。会议上，安安拿出了下半年的财务预算，这是她根据以往的单据总结出来的。对此，老板十分欣赏安安，当即破格提拔了她。见状，雯雯也向老板表达了自己的想法，希望能够去"更合适的岗位"上工作。老板笑着问："既然你负责收发文件，那你记得我今早给你们部门发的那个文件里罗列的货品种类吗？"雯雯张口结舌，愣在原地。

有过跳远经历的人都知道，想要跳得更远，起跳前就要蹲得更深。韬光养晦，无疑是每个女孩都要经历的一个人生阶段。孟子云："天将降大任于是人也，必先苦其心志，劳其筋骨，饿其体肤。"每一个想要获得成就的女孩，都要深谙"不经一番寒彻骨，怎得梅花扑鼻香"的道理。

良好气质养成方法

韬光养晦，是让女孩在隐藏锋芒、不为人注目之际，修正不足，提升自己，从而一飞冲天，光彩耀人。那么，女孩该如何做，才能让韬光养晦达到应有的效果呢？

1. 开阔眼界，认清现实

很多初出茅庐的年轻人都觉得自己是天之骄子，无奈世间伯乐太少，自己才会"明珠暗投"。然而很多人日后的经历却表明，这一想法，多源自他们的"井底之见"。世界广阔，人外有人，天外有天，一个人如果总是觉得自己有多么优秀，那么他已经比别人差了一大截。

2. 少说多做，坚持下去

无论在职场还是在生活中，高调做事、低调做人的人，总是比那些思想上的巨人、行动上的矮子更惹人喜爱。默默地耕耘使他们为集体、社会贡献了自己的力量，更让他们在实践中获得了知识，增长了智慧。然而，长期在沉默中耕耘，并不是一件易事，这需要女孩让自己保持积极进取的心态，用斗志督促自己前进的步伐。

3. 看准时机，不可毛躁

韬光养晦不是为了长久地秘不示人，而是为了在将来的某一天一鸣惊人。而这个"惊人"的时机，需要女孩好好把握。有些人总觉得自己已经足够好，足够强，已经到了该出人头地的时候。有些人总觉得自己尚需磨炼，目标仍旧离自己太远，总也追不上——无论哪种心态，都是不可取的。女孩，要对自己和环境有清晰的认识和判断，才能不冒进、不蹉跎。

知识点链接

在管理学界，有一个赫赫闻名的"蘑菇定律"，由20世纪70年代外国一批年轻的程序员提出。在当时，计算机行业刚刚起步，程序员经常受到其他行业者的质疑。面对大众的批评，程序员们鼓励自己向蘑菇学习。因为蘑菇总是生长在阴暗潮湿的环境中，没有阳光照耀，也没有人给它们施肥，它们完全靠自己成长。当它们长到一定程度时，才会被人们发现。而这个时候，蘑菇已经能够独自承受风雨的洗礼了。

将心比心,女孩要学会易地而处

"生活是一面镜子,你对它笑,它就对你笑;你对它哭,它也对你哭。"这句来自英国作家萨克雷的名言告诉我们:生活给予我们的,往往是一种回报,是一种针对我们对待它的态度的回报。这句广为流传的话,在女孩为人处世方面同样适用。女孩对别人笑时,自然会看到他人会心的笑脸;女孩对他人哭时,他人自然也不会眉开眼笑。

师范院校毕业后,美羽看着学校的分配通知,顿时傻了眼。

原来，学校将她分配去的那个小学，不仅远离她的家乡，而且无论从师资力量还是硬件环境来说，都是那所城市排名靠后的。美羽找了好几个领导，均被告知分配结果不能再变动。无奈之下，美羽只好服从分配，前往那个小学。

一个学期过去后，美羽负责的班级成绩尚好，只是学生们却总是躲着她，还背地里给她起外号，什么"天下第一大债主""周扒皮夫人"等。原来，美羽整日板着脸，双眉紧锁，日常的作业量完全看她的心情。学生们整天提心吊胆。

又到了梅雨季节，阴雨连绵的天气让美羽的心情也一日坏过一日。这个周五，她甩手留下了一大堆作业后离开教室，走到一半想起笔记本落下了，又回去拿，却听见已经炸开锅的教室里不断传出学生们的抱怨。还有几个"刺儿头"，不断叫着她的外号，引起学生们一阵阵哄笑。

她没有走进教室，而是强忍着回到了宿舍，打通了家里的电话向父母诉苦。电话里，妈妈安慰了她几句后，爸爸接过了电话，说："孩子，你的能力，我和你妈妈一直很相信。可是，你对于工作的态度呢？你说离家远，你说学校差，你的这些不满，有没有带到工作中呢？对于学生，你有没有收起你的这些情绪，有没有做到一个为人师长应有的和善与宽容呢？如果你没有，那么学生们又该如何对你？"

生活是一面镜子，他人更是一面镜子。对方的脸上，映照着女孩的神情。想要收获他人的好感，女孩首先要向他人投去和善的目光。将心比心，就是要女孩学会易地而处，多站在对方的角度思考问题、处理问题。友好的交往来自双方的付出，你来我往方可维护人际的和谐。

良好气质养成方法

在与人相处时，女孩应该怎么做，才能将心比心、迈出与人为善的第一步呢？

1. 客观地看待每一个人

每个人身上都有缺点，每个人身上也都有闪光点。女孩在看待他人时，要保持一种不偏不倚的心态，才能客观、公正。戴着有色眼镜看人，是人际交往中的大忌。无论这种有色眼镜是将对方完美化还是丑恶化，都是不可取的。试想，如果他人戴着有色眼镜来看我们，将我们看得过于"高大全"，短时间内确实满足了我们的虚荣心，但长此以往难免会使我们在无形中压力倍增，难以为继；而若将我们看得过于渺小、一无是处，那么我们的感受，自然不言而喻。

2. 在日常生活中练就慧眼

萧何识韩信、刘伯温追随朱元璋，都是凭一双慧眼，识出了旷世的豪杰。这是一种功力，更是一种智慧。慧眼识人的本领，不是与生俱来的，需要我们在生活中长期积累经验、吸取教训，一点一滴地养成。

3. 多一些体谅，多一些关怀

如果每个人都能以体谅自己的态度去体谅别人，那么世间的纷争将大大减少。如果每个人都能以关心自己的方式关心别人，那么世间的纷争将不复存在。人与人之间，贵在相互体谅，相互包容。当女孩以希望别人对待自己的态度对待别人时，别人对女孩的好感会油然而生；当女孩以别人想要的态度对待别人时，对方会折服于女孩的心地与气度。

知识点链接

在心理学上，有一种心理现象叫作"镜子效应"，在这种心理的影响下，人们通常会根据对方的情绪和行为的主要情感来给出回馈。也就是说，我们对别人表现出什么态度，别人往往就会回报我们什么态度。因此，一般来说，我们喜欢的人，通常也是喜欢我们的人；而我们厌恶的人，通常也是厌恶我们的人。

他人犯错，女孩何必惩罚自己

愤怒，是每个人可能终其一生都难以避免的情绪。不同的是，有的人善于自我调整，能够以一种乐观积极的心态，很快将自己从这种消极情绪中剥离出来。而有的人则难以自控，动辄大发雷霆，或者经年累月地生闷气，让自己变成了负面情绪的提线木偶。其实，很多人生气，导火索不在于自己，而在于他人。

"跟你说了这笔合同非常重要，你怎么敢惹怒了对方的老板娘？"

"教了你八百遍，这题要选C，为什么不听？"

"好好的导航不用，偏要自己瞎开，开到这人生地不熟的鬼地方，导航都没信号了，怎么回去？"

"你看他整天吊儿郎当的样子，真是要气死我了！"

"明明说好了分工合作，他老人家整天当甩手掌柜，所有责任在我，所有功劳在他，这叫什么理儿？我看到他那个德行，肺都要炸了！"

"放学了为什么不回家？别的孩子考了100分你为什么只考了98分？明知道自己不如人家，为什么不用别人玩的时间来学习？你是不是要气死我？"

"你盯着那个女人看什么？她比我好看在哪儿？还不承认，你眼珠子都快贴人家身上去了！你说说看我到底哪里不如她？"

"说好的9点半碰面，现在都10点了，你干啥去了？看场电影，现在才到，根本买不到这一场的票了！看下一场？我为什么要看下一场？我今天的行程都安排好了！好好的周末就这样被你毁了！"

敏感的女孩，多是多愁善感的。偶尔发发小脾气、任性一下，也是女孩的专利。但是，嬉笑怒骂间，女孩应该让自己的心态保持平和，让自己做情绪的主人，而不是情绪的奴隶。德国古典哲学创始人康德说过："生气，是拿别人的错

误惩罚自己。"是的，为了别人的错误而大动肝火甚至气急败坏，除了伤害自己的身心，又有什么别的收获呢？

良好气质养成方法

女孩要享受美好生活，不因他人之错而惩罚自己，可以从以下几点调整自己：

1. 笑对生活，不让怒气伤身

我们常说，微笑的女孩，是世间最美的风景。愁容紧锁、唉声叹气，固然会让女孩有一种"病西施"式的黛玉之美，但女孩也该谨记，长期生活在这种负面情绪中，会给身心带来很大的伤害。愁绪尚且如此，何况是程度更为激烈的愤怒。经常处于怒火中的人，其身心都会受到严重影响；而很多心脑血管疾病，都是由过激的情绪引发的。

2. 仔细想想，生气又有何用

当女孩们为他人的错误气得面红耳赤、捶胸顿足时，他人可曾因为你的愤怒而羞愧，因为你的恼火而改正？恐怕大多数人的回答都是"不"。既然如此，女孩又何必为此而怒气冲冲，既损了他人颜面，又失了自己的气度呢？

3. 积极向上，保持快乐心态

快乐，是女孩保持青春的秘诀，更是女孩活出精彩的保障。快乐的女孩，能够在不利中看到有利，在错误中看到希望。只有心态积极的女孩，才能及时从负面情绪中抽身，还自己一片晴天，更给大家一道风景。

知识点链接

从中医角度来看，生气有9大危害：伤脑，生气使大脑思维突破常规活动，使人做出过激行为，而这种过激行为又反过来刺激大脑中枢，可能造成脑溢血；伤神，生气使人心情难以平复、不易入睡；伤肤，常生气会让人皱纹增多、面容憔悴，甚至会引发皮肤炎症；伤内分泌，生闷气可能导致甲状腺疾病；伤心，生气时可能出现胸闷等症状，甚至诱发心绞痛或心肌梗塞；伤肺，生气可能导致气逆、肺胀等；伤肝，生气可能导致肝气不畅，肝胆不和，进而引发肝脏类疾病；伤肾，生气可能导致肾气不畅，影响泌尿系统；伤胃，生气时食不知味，长此以往易引发消化功能疾病，影响消化系统。

你敬我一尺，我敬你一丈

渴望受到他人的尊重，是每一个人都有的基本心理。这种心理，不分民族、国籍、性别、年龄、阶级等，是一种普遍扎根于人们心底的情感体验。女孩们在与人交往时，想要获得他人好感，前提就是学会维护对方的自尊。因为只有懂得尊重别人的人，才有资格获得别人的尊重与喜爱。

美国历史上最伟大的总统之一——林肯，在年轻的时候，曾经因为不懂得尊重别人而受到深刻的教训。

当时，生活在印第安纳州的青年林肯是个远近闻名的"刺儿头"，不仅经常对他人或事情指指点点，还喜欢写信或写诗挖苦别人。为了让当事人感受到自己这些"大作"的"风采"，很多时候他会特意将这些信或诗丢在乡间的路上。后来，林肯来到伊利诺伊州春田镇当见习律师，此时的他，依旧没有改掉不尊重人的毛病。

这天，林肯在报纸上发表了一封匿名讽刺信。这封信主要针对一位名叫詹姆士·席尔斯的政客，他成功地使这位自视甚高的男人成为全镇的笑柄。气急败坏的政客通过一系列方法查出了信的作者后，立刻向林肯下了战书。并不愿意决斗的林肯，为了维护荣誉，只得在逼人的形势下接受了这次挑战。为此，他找来一把骑兵的腰刀，并特意向西点军校的毕业生讨教剑术。到了决斗之日，林肯和席尔斯在密西西比河的岸边摆开了阵势，准备决一死战。倘若两人真的决战到底，那么必然会出现伤亡，无论是哪方败北，都是大家不愿意看到的结果。好在当时有人挺身而出，阻止了这次决斗，才避免了一场血案。

经过这个事件，林肯开始懂得该如何与人相处。他不再对他人指指点点，也不再随意"创作"。这个险些酿成悲剧的事件，让林肯学会了尊重他人。

敬人者，人恒敬之。女孩们要谨记，在与人打交道时，懂得尊重他人，是获得对方好感的重要基础。社会上的每一个人，都需要获得他人的尊重，也都值得获得他人的尊重。每个人心中都装着一份沉甸甸的自尊，每个人的身上也都有金子般的优点。尊重他人，是一种良好的品德，更应该成为一种高尚的习惯。

良好气质养成方法

想要让别人感受到来自你的尊重，女孩需要在很多方面下功夫：

1. 不越雷池

每个人都有自己的底线，想要维护他人的自尊，交往中不触及其底线是最基本的前提。有位作家曾在作品中借某个角色的口说："我不用你尊重我，但起码你不要触犯我。我不是什么佛，但更不想因你而变成魔。"不管关系远近，任何人在与人相处时都不能触碰对方的"禁区"。"明知山有虎，偏向虎山行"的行为，是每一个聪慧的女孩都要主动避免的。这不是什么锦上添花的技巧，而是维护他人自尊最基本的底线。

2. 言行有礼

想要让他人感受到尊重，女孩们还需要注意自己在彼此交往中的一言一行。人类的交流，绝大部分靠语言来完成，而这里的语言，包括了口头语言和身体语言等多方面的表达。礼貌用语的使用，体现着女孩对他人的尊重程度，更体现了女孩的自身素质。人际交往时，保持自身形象整洁、态度谦谨、给予对方关注等，都是让他人感受到你的敬意的要素。

3. 客观赞美

对于他人的自尊，女孩不仅要懂得尊重，更应该学会去满足。人类的自尊很大程度上来自他人或社会对其自身价值的认可。当女孩真诚的肯定和赞美进入对方的耳朵时，对方便会感受到自己的自尊得到了满足和提升。因此，在与人交流时，女孩应不吝赞美——当然，是客观的赞美。吹捧逢迎，往往会事与愿违。

知识点链接

每个人都有自尊，自尊是一种个体基于自我评价而形成的自重自爱、自我尊重并要求受到他人、集体和社会尊重的情感体验。心理学家指出，自尊是人格自我调节结构心理成分，它介于虚荣和自卑之间，自尊心过强则转为虚荣，太弱则变成自卑。

第04章

做勇敢自信的女孩，内心强大才是最棒的优雅

当社会磨去女孩尖锐的棱角时，当现实击碎女孩稚嫩的梦幻愿景时，只有勇敢自信，才能让女孩宠辱不惊，看庭前花开花落；只有内心强大，才能让女孩去留无意，望天上云卷云舒。真正的自信，让女孩变得强大，让女孩越挫越勇，敢于直面生活的挑战；强大的内心，让女孩不畏艰难，让女孩永不言弃，在任何困境中都能保持一份从容，一份平和。优雅的气质，源自女孩的自信与坚韧。

任他风狂雨骤，我自洒脱昂首

俗话说："谁人背后无人说，谁人背后不说人。"在这个越来越强调"言论自由"的时代，越来越多的人成为他人茶余饭后的"谈资"。没有人愿意别人在自己背后指手画脚，但是也没有人能彻底堵住众人的悠悠之口。那么，面对流言蜚语，女孩们又该如何对待呢？

罗茜自从进入这家公司，一直兢兢业业、任劳任怨。虽然她明白，自己论学历和样貌都算鹤立鸡群，但她从不以此为傲，一直低调为人，努力工作。她的辛勤没有白费，不到两年时间，就升任了部门经理。

对此，部门里有些人很是不服气，认为罗茜就是仗着年轻、有姿色，"色诱"了老总，才得到今天这个位置。一时间，办公室里流言四起。罗茜对此并非毫无察觉，但她也并没有说什么。

对此，罗茜的好友看不下去了，问她为什么不用手中的权力惩处那些诽谤她的人。罗茜微微一笑，说道："对于那些传出流言的人，我若惩治他们，他们便认为我是做贼心虚，假公济私；我若去解释，在他们看来就是此地无银，越描越黑。既然如此，我又何必费心费力呢？传出这种话，只能说明我的能力还没有被所有人认可。与其反击别人，不如做好自己。用行动堵住别人的嘴，远比用语言容易得多。"

与其反击别人，不如做好自己。

我们常听说一句话："说不说在我，听不听在你。"其实，面对他人的指指点点，女孩们大可采取这种态度面对。在人生道路上，若被他人的流言蜚语绊住了手脚，非但不能前行，更会身陷其中，助长他们的气焰。与其如此，不如调整好心态，以一种令人折服的承受能力和气度，坦然面对这些非议。当你不被这些流言蜚语束缚、大步踏上自己的道路时，这些流言自会烟消云散。

良好气质养成方法

因为他人的流言而使得自己寝食难安、惊慌激愤，其结果只能是气度尽失、落人口实。而那些或有心或无意传出流言的人，在窘迫的你的面前，无疑是最开心的看客。因此，面对他人的流言蜚语、指指点点，女孩们不妨从以下几点着手，让自己从容起来。

1. 建立高水准的自信

人们对于有关自己的流言难以释怀，往往是因为不够自信。因此当流言四起时，他不能坦然面对，唯恐其他听到流言的人也就此相信、戴着有色眼镜看自己。因此，要想坦然地面对流言，首先要培养起强大的自信心。

2. 客观地评价自己

他人对我们的指指点点，有时并不是空穴来风。面对他人的指摘，我们在保持平常心的同时，也该正确对待自己的不足，正所谓"有则改之，无则加勉"。

3. 保持微笑，不予理会

微笑是最好的人际关系黏合剂，当你面对流言能够微笑应对，一笑而过时，久而久之，那些听到流言的人会折服于你优雅的气质，而那些传出流言的人，也会感到无趣，不再继续。

> **知识点链接**
>
> 　　如今已经成为人们口头禅的"走自己的路,让别人说去吧"这句话,出自文艺复兴时期意大利文学家但丁的长诗《神曲》。作品中,但丁借"维吉尔"的口说出了这句话,以此来告诫人们坚持自己的道路,不要被沿途"鬼魂"的"絮语"拖沓了脚步。在现实生活中,可以说我们每个人都活在他人的议论之中。面对他人的指指点点,我们无须刻意去申辩或回击,更没有必要耿耿于怀,让自己心绪难宁。时间是最好的利器,它会帮助我们打破一切流言蜚语,还原事实的真相。

从头再来，路上还有更多的风景

人生多坎坷，没有谁的人生能够一帆风顺。荆棘遍布才是人生常态，风雨无阻方显非凡气度。失败乃成功之母，想要成功，就不可避免地需要先承受失败。不敢尝试失败滋味的人，永远不会领略到成功的风采。因为害怕失败，有的女孩畏首畏尾，有的女孩战战兢兢；而当女孩们迎难而上，充满了从头再来的气魄时，便能一往无前，最终斩获成功。

小丽从小就是父母的掌上明珠，父母是传统的知识分子，一直也按照传统的女子德行教育小丽。从上学到工作，小丽一直听从家人的安排，按部就班地走着每一步。

大学毕业后，父母为小丽在某国有企业找了一份工作。这份工作薪水稳定且较为清闲，小丽一家对此都较为满意。三年后，小丽和男友结婚，一年后又有了宝宝，一家人其乐融融，小丽觉得这就是人生最大的幸福。然而好景不长，小丽休完产假后不到半年，公司就因为经营问题出现财政赤字，需要裁员。听说了这个消息后，小丽惶惶不可终日，总是觉得自己的大名已经写在了裁员名单上。丈夫知道了这件事，劝她早做打算，实在不行可以考虑自己出来做些小买卖。然而小丽却觉得自己年纪已经不小了，在公司一直是基层人员，再去其他单位找工作，肯定十分困难。而自己做生意更是不可行，孩子这么小，正是需要她照顾的时候。在这样的心态下，小丽整日无心工作，愁眉苦脸。当裁员名单公布时，小丽果然赫然在列。部门主管惋惜地说："本来我跟老总力保你，说你工作态度十分积极，不应该被裁掉。可是前段日子暗访人员来我们部门调查时，刚好拍下了你长时间发呆的画面……"

人是一种很容易服从于习惯的动物。尤其是一些女孩，当她们熟悉了一种环境时，再要她们做出改变，她们会产生一种难以言状的不安全感。于是，很多女孩便选择了妥协、拖延、假装视而不见。然而，万事万物都在不停变化，我们所熟悉的环境，只是一个狭小的空间。这个空间，终有一日会随着社会发展的潮流也发生改变。与其日后被迫做出改变、手足无措，倒不如我们先做足准备，坚定自己不怕从头再来的信念。

良好气质养成方法

培养勇于从头再来的从容气质，女孩可以从下面几个方面着手：

1. 不留恋昨天

不愿从头再来的人，往往是因为既得利益已经可以满足其需求了。我们说人应该知足常乐，但这并不是指裹足不前、坐吃老本。因此，面对昨日的功绩与收获，我们应当果断地将其放下。在当今社会，稍有停留的人，就会迅速被潮流淘汰。

2. 对明天充满期待

对于未知的明天，有人听天由命，有人惶惑不安，有人却能愉快地迎接。只有对明天充满期待的人，才不惧改变，乐于接受任何挑战。明天，或许我们会失去一家银行，可是谁又知道，我们不能收获一座金矿呢？

3. 相信自己的能力

从头再来的勇气，来自乐观的心态，更来自卓越的自信。一个人只有对自己的能力有充分的认识和信心，才能对自己接触的事物尽其所能地去把握、运作。面对外在种种环境的剧烈动荡，面对需要从头再来的局面，他们明白时势造英雄，更相信自己能够英雄造时势。

知识点链接

人们总说女人是柔弱的，在困难面前是弱于男人的。然而，无数实验和事实表明，面对压力，女人的抗压能力和韧性往往强于很多男性。敢于从头再来，不是要女人轻易放弃一切原有的事物，而是要求女性应具有不惧环境改变、勇于自我提升的气质。

天下无完人，
女孩不必因缺点而烦恼

　　大千世界由各种各样的人与事物构成。在这个世界上，没有任何一样事物是完美的，更别说人类。人之所以成为人而不是神，就是因为有着各种各样的缺点。有些人深陷于"完美主义"不能自拔，总因为自己的不足而苦恼、烦躁。有些人放任自流，对于自己的缺点破罐破摔，不上心也不理会，其实这些都是不可取的。尤其是对于女孩来说，应该秉持这样一种态度：承认并接受自己的不完美，然后去完善自己，追求完美，而不苛求。

　　农夫的田地离水源有好几里的山路，每天，农夫都要用两只木桶往返挑水。然而，这两只木桶有裂缝，因此每次农夫将满满的水挑到田中时，两只桶中都已经只剩半桶水了。对此，两只水桶十分难过，它们恨自己的缺陷，让主人白费那么多力气。

　　这天，它们终于忍不住了，一齐向主人请求，请主人找个箍桶匠将它们修理一下。主人听了,并不说话,而是将它们带到了挑水的路上,对它们说:"你们仔细看看,这条路有什么变化吗?"

两只水桶平日里只顾着尽力保住桶里的水,今天才仔细看了下这条路。原本了无生气的道路两旁,如今却开满了五颜六色的花朵。农夫说:"在这个缺水的地方,正是你们的赐予,才让道路两旁充满了生机啊。"

任何事都有两面性,所谓的缺点和优点,也是因人而异、因时而异、因事而异的。有些不足,在我们眼里是一种缺憾,但在别人眼里,也许就是一种弥足珍贵的特质。人生的可贵,正是在于它的不完美。因为不完美,所以我们有了追求的目标,有了奋斗的力量。试想一下,事事完美、尽在掌握的人生,又有什么趣味可言呢?

良好气质养成方法

女孩们想要拥有良好的心态，不因缺点而痛苦，可以按照下述几个方法调整自己：

1. 承认并正视缺点

一味地回避、掩饰自己的缺点，只能让自己的心态失衡，尤其当别人对这些缺点提出批评时，这种失衡的心态会导致我们产生一种应激反应，而这种应激反应，不但对我们改正缺点毫无益处，还会使我们对自身产生厌恶情绪，挫伤我们的自信心。

2. 积极改正、提升自己

坦然接受缺点并不是指将错就错，而是要求我们以积极的态度去自我纠正、自我改善。人们常说："没有丑女人，只有懒女人"，说的也是这个道理。女孩们要深深记得这个道理：行动，是改变一切的良方。

3. 扩大优点，彰显气质

如同每个人都有不可避免的缺点一样，每个人身上，也都有着强于他人的闪光处。"闻道有先后，术业有专攻"，每个人都应该发现自己的长处，并将其发挥到极致。相貌平平的女孩，或许她的性格招人喜爱；不善言辞的女孩，也许她的聪慧异于常人。女孩们只要记得，上帝在关上一扇窗的时候，一定已经在别处为你打开了广阔的大门，关键在于你能否找到这扇门的钥匙。

知识点链接

在人生道路上，每个人都像一个向前行进、缺少一角的"圆"。一路上，为了寻找自己缺失的一角，我们停停走走，磕磕绊绊，却也因此看到了更多的风景，品尝了更多的滋味。一个完好无缺的圆，它的行进速度太快，快到可能因为一个沟坎就被打回原点，快到难以刹车而掉入陷阱，快到让我们难以放慢脚步、享受人生。

多面的你，总有一个最美的角度

美丽、智慧、温柔……很多人习惯将这些词汇中的某一个或几个词，贴作某人的标签。然而，人是世界上最复杂的动物，有着多种多样的性格，有着纷杂多变的心理，每一个人，都不是一个词或几个词就能概括的；每一个人，都有着不为人知甚至不为己知的多面性。

美媛自小就觉得自己其貌不扬，比起周围的小姐妹们，她简直是只"丑小鸭"，由此养成了孤僻的性格，经常独来独往，沉浸在书海中，不太愿意与人交流。

大学毕业后，美媛进入一家杂志社，凭借自己出色的文笔担任某个专栏的主笔。眼看到了谈婚论嫁的年纪，可美媛还是跨不过自己心里的坎儿，总觉得这世上不会有人看上自己。

然而，这半年来，美媛一直收到一位读者的求爱信。在信中，这位读者用诚挚的语言表达了自己对于美媛的钦慕，希望两人能见上一面。这还是美媛自出生以来第一次得到男性如此的赞美，再三考虑后，美媛将见面地点选在了一家灯光昏暗的咖啡厅。

约会这天，这位男士足足迟到了十分钟。对此，美媛没有说什么，而是对着满头大汗的男士微微一笑。男士从背后拿出一捧玫瑰花，说道："原谅我第一次约会就迟到，但我是临时决定去买花的，因此耽误了。恕我直言，曾听闻您对男性总是有所防范，因此我先前并不敢贸然送您玫瑰。但是，就在刚才，我看着您走进这家咖啡厅，您的仪态，您的背影，真的是太美了。您的文笔，已经让我爱慕不已，今天看到您本人，我更坚定了我的心。故此不揣冒昧，请您收下我的花吧！"

相貌、身材、肌肤、音色、才华、性格……每个女孩都会因为自己某些不如人意的地方而苦恼。但其实，也许连你自己也没有想到，在你身上，还有着迷人的地方，还有着各种

角度的美丽。这些魅力，甲没有看到，乙会懂得欣赏；有些角度，不能受到阳光的照耀，却可聆听大地的呢喃。

良好气质养成方法

爱美、追求美的女孩们，想要找到自己最美的角度吗？不妨试试下面几个方法：

1. 认识到美丽源自各个方面

"美丽"这个词汇，从来不只属于外貌或其他某一方面，它来自各个角落，它可以形容各种事物。奔腾壮阔的江海是美的，清澈见底的小溪也是美的；柔和月光是美的，点点星光也是美的。美丽，滋润着世间万物，也从来不吝于眷顾天下之人。女孩姣好的容颜是美的，挺拔的身姿是美的，柔婉的声音是美的，婀娜的背影也是美的……哪怕只是那细碎的脚步声，从不同的角度看来，也有着不同的美感。

2. 明白他人也是多角度的

多角度的女孩，面对的他人亦是多面的性格、多角度的审美，因此，女孩不必因为他人的品头论足而苦恼、无奈。每个人站的角度不同，能看到的层面也就不一样。也许有人说你脚大不够秀气，但也会有人欣赏你在运动场上巾帼不让须眉的飒爽英姿，钦佩你为集体争夺荣誉的拼搏精神。

3. 相信自己一定有个最美的角度

每个女孩都是独一无二的天使，上帝在创造女孩时，一定会赋予她独特的美丽。或是金子般的心，或是万人迷的性格，哪怕只是一个迷人的侧颜、一头柔亮的长发，那也是属于女孩的"独一无二"。这份美丽，每个女孩都拥有，只是展现的角度不同而已。

知识点链接

每个人都是一个多面体，从不同的角度看，总能看到不同的风景。如今盛行的星座性格说，之所以能够让很多人深信不疑，其根本原因在于：每个人的性格都是复杂多样的，而对于各个星座所罗列的大致性格，各个星座的人总能从自己身上找出相似或相近的影子，因此从主观上认定自己就是这样一种性格（星座所描绘的性格）的人，从而笃信星座一说。在心理学上，这一现象被称为"巴纳姆效应"。

逆来顺受，
女孩因接受而变得强大

俗话说："不如意事常八九，可与人言无二三。"人生在世，谁都难免遇到不顺心的事。考试失利、工作受挫、恋爱失败、婚姻坎坷……种种挫折，不时在我们的人生道路上设下陷阱。当这个社会已经不再是封建的男权社会，当女性走出种种桎梏展现自己的风采时，就注定要与男性一样承受各种压力与挫折，有时甚至更甚于男性。对于年轻的女孩们来说，遇到挫败，要先学会接受。

贝多芬，德国著名音乐家，被世人尊为"乐圣"，一生创作了许多作品，其中以九部交响曲影响最大。他的作品，对世界音乐发展有着不可磨灭的影响。而他的一生，则充满种种坎坷与挫折。

对于贝多芬来说，他的童年完全可以用"噩梦"来形容。父亲是个醉鬼，动辄打骂家人。而当幼年的贝多芬表现出音乐天赋时，为了打造莫扎特之后的另一个音乐神童，父亲便每天都逼着他练琴，稍有不满便拳脚相加。然而，这一时期的经历，也为贝多芬打下了扎实的音乐基础。

8岁登台，11岁师从著名音乐教育家，13岁进入宫廷乐队担任管风琴师助手，17岁拜访莫扎特受到称赞，一切似乎慢慢向好的方向发展了，然而，母亲的离世和养家的重任，使贝多芬错过了在莫扎特手下受教的机缘。不过，这并不是悲剧的结束，而是开始——26岁时，贝多芬的听力逐渐下降，到了50岁左右，就已经完全失聪，对于一个音乐家来说，这无异于是致命的打击。

关于贝多芬失聪的原因，目前学术界仍存在争论。有的说他患有佩吉特病（根据贝多芬硕大的脑袋和宽阔的额头这两项特征断定），异常生长的骨质破坏了他的听神经；有的说是因为他幼年被父亲折磨，经常被扇耳光伤害了听神经；有的说是因为梅毒并发症（贝多芬的母亲患有梅毒并通过母婴感染传染给了贝多芬。她一生共育有7个子女，均有生理缺陷）导致神经系统受损……

无论出于什么原因，贝多芬失聪了。或许他苦恼过，但是他没有抱怨。他没有抱怨上苍的不公，夺取了音乐家最重要的感官；他没有抱怨父亲的虐待，让他在童年受尽苦楚，乃至终生为之受害；他没有抱怨身患疾病的母亲，为什么给了他这样一种体质。他勇敢地站了起来，接受了上天安排的命运，并且向命运发出了怒吼。苦难的经历给他带来无穷的灵感和力量，从此以后，他以卓绝的毅力，开始了九大交响曲的创作。

相对于男性的沉默，更多女性在面对困难或挫折时，喜欢不断地抱怨，抱怨他人，或者抱怨自己。倾诉，是一种情绪发泄方式，在面临挫败之初，女孩不妨以这种方法适当宣泄一下情绪。但简单地抱怨之后，女孩更应该学会坦然接受，学会在迷离的风雨中探寻前进的道路。一味地抱怨，只会让女孩浑浑噩噩；勇敢地接受，才能让女孩强大起来，进而获得成功。

良好气质养成方法

面对失败，面对挫折，女孩应该如何调整自己才能战胜它们呢？

1. 不要逃避，直面失败

事情既然已经发生，失败既然已经到来，那么女孩就应该坦然接受。逃避不能解决任何问题，只会让问题的解决时间延宕，让你的自信在蹉跎中悄然流逝。女孩要明白的是，对于过去，我们无能为力，即便不接受，也无法改变。过去对于我们最大的意义，就是为我们今后的人生提供经验教训。

2. 调整心情，重新振作

纵然明白应该接受失败的道理，并且也接受了失败，但想来心情一时是难以平复的。这时，女孩不必强逼自己立刻投身到下一轮的努力中。心态若调整不好，再努力也是枉然。试着出去走走，或者听听歌、看看书，待自己的情绪真的调整好以后，再去全神贯注也不迟。

3. 分析问题，总结原因

我们常说："失败乃成功之母"，这是因为失败为我们提供了经验和教训，为我们排除了一条错误的路径。因此，失败以后，女孩应该冷静下来，客观地分析各种原因，这样，才能避免犯相同的错误，并找到解决的方法。

知识点链接

　　人们在追求目标的过程中，遭遇挫折时，会在生理和心理两个方面产生反应。从生理上来说，常见的症状有胃酸分泌减少，导致胃溃疡、胃穿孔等；有心跳加快、血压升高，诱发心血管疾病等。从心理上来说，受挫的人会产生消极、郁闷、压抑、愤怒等情绪。而不同的人，面对挫折往往有不同的反应，大致可分为三类：

　　（1）目标不变，方法改变，绕过障碍，另选途径。

　　（2）目标改变，方法改变，行进的方向改变。

　　（3）放弃目标，认为自己已经走投无路。

超群的气质，来自自信的底蕴

俗话说："金无足赤，人无完人"，每个人都或多或少地存在一些缺点与不足。对于有些人来说，这些缺点能够激励他们更加努力，奋勇直前。而那些缺乏自信的人，却往往在困难面前唉声叹气，垂头顿足。

当今社会，女性已不再是男性的附属品，女性群体作为一股独立的力量，已经成为创造历史、构成社会的"半边天"。在困难、压力面前，楚楚可怜、柔弱哭泣固然是女性的特权，但作为一种换取他人帮助以战胜困难的"手段"，这种方法已经日益被社会潮流所淘汰。如今，相对于那些凄凄切切的弱女子，人们愈加欣赏那些嘴边永远挂着淡淡的微笑、在压力面前从容不迫的女子。这种淡定从容的气质，使得她们永远绽放着迷人的魅力；而这份高雅的气质，正是来自她们内心深处那份底蕴深厚的自信。

"我的男朋友总是不让人放心，他最近好像又和一个长得比我好看的女人搞暧昧了。"

"这份工作太累了,很多男人都难以胜任,何况我一个拖家带口的女人。"

"我跟你说过我的肤色不好,你不要总是拿这个事儿嘲笑我。"

"赶紧给我一个金龟婿吧,嫁了人我就不用愁这些柴米油盐了,我自己哪有本事应付这么多事儿。"

每个女孩都是一个独立的个体,是这个世上独一无二的存在。你对自己不满的地方,可能在别人眼中恰恰是求之不得的优点。如今,女性在社会和家庭中扮演的角色越来越重要,一个女孩,要从一个家庭的小公主,逐渐成长为劳动者、妻子、母亲甚至更多角色。缺乏自信的女性,在工作中、生活中,总是无所适从,疲于奔命;而自信的女人,总能在微笑中解决问题,在优雅中赢得胜利,这样的女子,又如何能不让人青睐呢？

良好气质养成方法

那些缺乏自信的女孩，在树立自信时，不妨试试以下几点：

1. 正视自己的不足

每个人都有自己的缺点，这是谁都无法避免的事实。面对这种情况，一味地苦恼或遮掩，只会让自卑心理更加严重。只有正视，才能彻底改正；只有正视，才能在面对他人的挖苦或嘲笑时波澜不惊，一笑置之。

2. 在创造中实现自己的价值

自卑，往往是因为人们无法看到自己的存在价值而产生的。其实，每个人的存在，都有其必然的价值。毫无价值的人，社会已然将其淘汰。缺乏自信的女孩，不妨多想一想自己对于家庭、社会的贡献，并将这种贡献持续并且扩大。

3. 深刻认识到人人平等

我们说众生平等，这并不是一句口号式的空话。每一个人，都有着不可替代的自我价值，每一个人，都不会因为他的出身、地位、财产、容貌等外在因素而低人一等或高人一头。所谓众生平等，是指每个人都拥有基本的维护尊严的权利，任何人都没有资格因为你的国籍、籍贯或是身材等因素而贬低你、轻视你。当我们认识到这一点，就不会因为他人的指指点点而自我怀疑，失去自信。当女孩们立足于"做好自己"这一点时，当女孩们立志于奉献社会、实现自身价值时，这世上便没有什么"灰姑娘"，也没有什么"娇公主"，每个女孩，都是最美的女神。

知识点链接

自信不同于自负，更不是夜郎自大。自信来自对于自身的正确认识以及良好的心理品质。有些人通过与不如自己的人作比较获得自信，这种自信是不固定的，它会随着外界环境的变化而产生波动。真正的自信，来自自身不断的进步，来自自己在不断努力中获得的经验和能力的积累。

第05章

做注重着装的女孩,由内而外散发优雅气场

俗话说："人靠衣装，佛靠金装。"一个人的外在形象，与其穿衣打扮有着很大的关系。有人相貌平平，却依靠得体的打扮迷倒众生，让众人感叹"没有丑女人，只有懒女人"；有人天生一副好容貌，却因为不会打扮而明珠蒙尘，让大家可惜"白瞎了一副好皮囊"。女孩应该学会打扮自己，这不是为了取悦他人，而是为了尊重自己、尊重别人、尊重造物主赐予你的权利与美好。

斑斓人生，
女孩应懂点色彩心理学

在日常生活中，我们的心理和情绪，都会在不知不觉中受到颜色的影响。心理学家通过研究发现，人类的第一感觉是视觉，而对于视觉影响最大的，就是色彩。人类的情绪很容易受到色彩的影响，而情绪作用于行为，因此也可以说，人类的行为，会受到色彩的影响。例如，在夏天，人们会主动选择冷色调的衣服，这让自己和他人都感到清凉；在烹调肉类食品时，人们喜欢将其做成酱红色，以增加食欲。

"整天不是黑的就是灰的，你不烦我们都看烦了，跟我走，我带你去买件亮点的衣服。"

"你才20岁，能不能穿点儿你这个年纪应该穿的颜色？提前步入老年，谁给你唱《夕阳红》啊？"

"今天是去谈判，你穿得跟个花蝴蝶似的，是去谈生意还是谈交情？"

"把卧室里的灯换成白炽灯吧，荧光灯总让人感觉冷冷的，没有家的温暖。"

"小樱就是会穿衣服，冬天穿暖色，夏天穿冷色，我们看着她，自个儿也觉得舒坦不少。"

"买这副灰色的手套吧，看起来比黑色暖和些。"

"孩子卧室里的墙不要刷成大红的，那样容易让孩子一直处在紧张的氛围中。"

转换心情，把握局势，说易不易，说难不难。很多时候，换一件衣服、换一种颜色，就能给我们带来意想不到的效果。服饰，是女性突出特点的道具，而色彩，是女性展现风采的依托。正处于人生黄金阶段的女孩们，有些时候，你不妨给大家"一点颜色"，让那一抹色彩，点缀他人眼中的画面，让你尽享五彩斑斓的人生。

良好气质养成方法

要想在生活中灵活运用色彩心理学，女孩需要对于各种颜色带给人的心理感受有一定的了解。

1. 红色

代表自信、性感、热情、权威。女性想在某些正式场合表现自己的自信和权威，可以选择红色。但红色容易造成心理压力，因此，与人谈判或可能出现争执时，应尽量不穿红色。

2. 绿色

代表和平、自由、活力，是大自然的颜色。绿色能给人以安全感，适合在参加休闲活动时穿着。但是，在团队中，绿色暗含着被动、隐藏的负面效果，穿着不慎的话容易被忽视。

3. 蓝色

兼具灵性和知性，是受众最广的颜色。天空蓝代表理想、希望；粉蓝代表轻松、惬意；深蓝代表坚定、信赖、诚实。蓝色服饰适合在谈判、静思等时候穿着。

4. 紫色

代表浪漫、优雅、高贵、神秘，充满哲学气息，也让人感到忧郁。紫色服饰并不适合所有人、所有场合、所有时间，它需要合适的契机和载体。女孩若想展现一种浪漫而神秘的气质，可以适时尝试。

5. 黄色

淡黄色代表浪漫、天真；艳黄色代表聪明、信心，同时具有挑衅的异味，因此不适合出现在谈判场合。许多人喜欢在欢快的场合穿着黄色，这是不错的选择，如朋友聚会等。

此外，当你想引起他人的注意时，也可以尝试黄色。

6. 黑色

代表高雅、低调、权威，同时代表冷漠、执着、防御。很多领导或白领人士多选择黑色服饰，以此来表现自己权威、专业的一面；同时也希望黑色着装不引人注目，可以专注于自己的事情。

7. 白色

代表纯洁、神圣、信任、开放。白色衬衫是很多职业人士的必备服装，但穿着时应注意保持平整、洁净。此外，整体着装中白色所占的面积不宜过大，否则会让人觉得有失真实。

8. 灰色

代表沉稳、考究、诚恳。很多金融界人士多选择灰色服饰，以此来表现稳重、成功、诚恳等。但灰色服饰讲究质感，若质感欠佳，会给人一种不修边幅的感觉。

知识点链接

色彩心理学在生活中，还有着许多应用。例如，粉红色可以安抚情绪，很多医疗机构乃至监狱便将墙壁刷成粉红色，以便能让患者或罪犯情绪稳定。绿色能够消除疲劳、有利于集中思想，学校或家庭中孩子的书房墙壁刷成绿色，更有益于孩子的学习；但在精神病医院里，深绿色反而会引起患者的妄想，因此要避免出现单一的深绿。黄色可以让人愉快，工厂里将黑色或灰色的机器涂成黄色，缓解了工人因单调工作而产生的苦闷，从而提高生产效率；同时，黄色的警告作用也让生产事故大为减少。

风情万种，女孩颈上的一抹亮色

奥黛丽·赫本曾经说："当我戴上丝巾的时候，我从没有那样明确地感受到我是一个女人，美丽的女人。"相信很多人都会对赫本的这句话深信不疑。当那如云如水的丝巾在女性的颈间飘动时，女性的柔美、浪漫，便在一瞬间散发出来，女性的万种风情，便在这一刻让人惊艳、让人沉醉。

美国著名女歌星麦当娜，一直是美国音乐和文化界最有影响的人物之一。曾经有人说，她不是最美丽的，也不是最优秀的，但她是最有影响力的。她的音乐，她引领的时尚，已经陪伴了人们三十余年。她特立独行，锐意革新，为流行文化注入了新的血液。

虽然麦当娜一直以另类、夸张的装扮示人，但对于展现女性独特魅力的丝巾，她像很多女性一样，疯狂地迷恋着。据传，麦当娜拥有的丝巾数量，为世界女性之最。无论她走到哪里，都会有一方丝巾陪伴着她。她将丝巾的作用发挥到极致，而丝巾也将她的美衬托得不可方物。著名的法国服装设计师让-保罗·高缇耶曾说:"她(麦当娜)在用丝巾铸造不朽的时尚。"

一次,麦当娜出席一场正式的宴会。不经意间,她的曳地长裙被人踩住,撕出了一个长长的"伤口"。当时,目睹这件事的人都以为麦当娜会就此退席,然而,令他们想不到的是,只见麦当娜不慌不忙地从手包中取出了一条大方巾,在腰间一围,就"做"成了一条新裙子。这条新裙子不仅遮住了裙摆的裂缝,那独特的图案更为麦当娜增添了一丝民族风的气息。就这样,一条普通的丝巾,在麦当娜手中完成了"华丽的转身"。它为麦当娜解除了窘境,更为她演绎着温柔与性感交织的万种风情。

我们不得不赞叹麦当娜的别出心裁,丝巾在她的眼里已经不再是一块普通的布料,而是有了魔法的美丽饰品。她可以用一方丝巾把温柔与性感这两个极端的美和谐地融合到一

起，顿时使丝巾变得姿态万千。

良好气质养成方法

在实际应用中，丝巾有着许多用法，下面简单为女孩介绍几种：

1. 做项链

将长方巾缠绕成麻花形状，将其与项链相互缠绕，于两个端点处打结。固定后，将丝巾绕于颈上2～3圈，最后轻系一结。

2. 做头巾

将大方巾的两个对角向中心点对折，折到自己需要的宽度。令丝巾和项链平行，然后将丝巾两端穿过项链。丝巾两端穿过后，系结固定。将丝巾轻绕头上，在脑后系上蝴蝶结。

3. 做胸花

将方巾折叠成条状，随意搭在脖子上，然后打一个结。最后，将胸花固定在结上。在搭配胸花与丝巾时，要注意两者的颜色和款式协调。

知识点链接

人们常说真丝的衣料是很"金贵"的，不容易保养。那么，在洗涤、保存真丝衣物时，该注意哪些方面呢？

（1）被汗打湿的真丝衣服要尽快清洗，不要搁置太久。

（2）清洗前可在水中滴几滴醋。清洗真丝衣物时不要用碱性的洗衣剂或肥皂，清洗时水温不要高于30℃，人工手洗，且要将衣服翻过来洗。

（3）洗后选择阴凉通风处自然晾干。

（4）熨烫真丝衣物时以100℃为佳，垫衬布，从反面熨烫。

（5）放置真丝衣物的衣橱中不要放樟脑丸，以免真丝脆化。

另类名片，
女孩握在手中的重要配角

如果问女孩："你为自己添置的第一件昂贵的物品是什么？"相信一定会有人回答"手包"。对于女性来说，手包，不仅是一件随身携带的必需品，更是女性塑造形象时的一个重要配角，女性向他人展现自己风格的一张"名片"。

"你怎么知道她是个白领，而且为人处世中规中矩？"
"看见她手里四四方方的公文包了吗？那就是佐证。"

"每次你推销商品都能合客人的胃口，这是怎么做到的？""很简单，多注意客人的手包就好。手包的品牌、质地，往往比衣服更能直接显示这个客人的消费能力和消费观念。"

"都走了一半路了，别回去拿了。""不行，手里不拿着包，我这心里没有安全感。"

"这个包适合你，样式、价格都合适，买了吧！""太小家子气了，我不太喜欢这种精致的手包。"

"你怎么手足无措的？""出门忘带手包了，不瞒你说，我现在手都不知道往哪儿放！"

"我看你这包宽大松垮，毫无造型可言，但质地却很好，想来你是个看似随性却又在某些方面很执着的人吧？""你会读心术吗？我们可是头回见面啊！"

"别背那个包，那不适合你。你才二十岁，是清水出芙蓉的年纪，而不应该妖冶狂放！"

"你怎么每回出门都要带着这个包？这里面都是些什么？""这可是我的百宝囊。跟你吃完饭，我要补妆，这里有化妆盒；你总爱出汗，这里有纸巾；今天有风，头发会经常乱，这里有梳子；旅行路上你爱睡觉，我要自己打发时间，这里有杂志……"

"玲玲，这里不是学校，你也不是学生了，我不认为你坚持每天背着书包出席各种正式场合是值得称赞的。"

相对于男性，女性需要随身携带的"小道具"有很多，如口红、化妆镜、梳子、纸巾乃至工作文件、时尚杂志等，这些都需要女性有一个随手的包来收纳。手包中装盛的各类物品，让女性心中升起一种安全感。而手包的品牌、质地、款式等外在显示，也在很大程度上反映了主人的品位。

良好气质养成方法

在不同场合中，女孩应该如何根据具体情境选择手包呢？

1. 日常的工作、生活中

日常工作、生活中选用的手包，女孩应尽量选择实用、大方的款式。手包不宜过小，以免收纳功能大减，难以满足需求。女孩的手包应该放得下钱包、手机、钥匙、纸巾、化妆盒等，这些东西若出现在女孩的口袋里，会让女孩的气质大打折扣。此外，女孩的手包风格还应符合职业身份。如白领通常选用稳重、较为简单的款式，这些手包的大小通常能够让她们放得下一些文件资料。而时尚界的人士则较常选用风格另类、引领潮流的款式。

2. 平时的休闲、活动中

在平时的休闲、活动中，如朋友聚会、周末出游，女孩可以选择实用性强、经济实惠的手包。娱乐活动重在随意、开心，简单舒适的手包让女孩不会受到拘束，如不用担心手包污损、丢失，也不会因刻意追求手包的款式等而让手包的实际用途受到限制。此外，尽管是在休闲娱乐时使用，女孩也该注意手包与服饰的搭配。不管多么放松、随性的场合，一个周身上下不协调的女孩，始终是无法让他人感受到美感的。

3.各种正式场合中

在各种正式场合中，如舞会、晚宴，女孩需要注意手包与服装的风格保持和谐。正式场合中，年轻的女孩因经济条件限制，虽不必刻意购买昂贵的名牌，但也应尽量选用质地优良的手包。做工精良、材质上乘的手包并不一定都标着天价，只要女孩在购物时精心挑选，一定能买到合适的手包。此外，如果想让手包看起来更加高贵，女孩可以选择一些金属色或黑色系的手包。

知识点链接

凯丽古拉（十大皮包品牌之一）的总经理曾经说过："衣装衬托一个人的外貌、身体，而手包则提升一个人由外而内的气质，对包包的细心保养其实也是对自己内在涵养气质的沉淀。"可见，手包的保养也是十分重要的。那么，对于一些真皮的手包，日常该如何保养、维护呢？

（1）避免强光直射，避免接触强酸、强碱性物质。

（2）淋水后，擦干水渍，置于通风处自然晾干。

（3）发霉后，用软布擦去霉斑，然后涂上一些护理剂。

（4）长期不用时，在包内垫上硬纸板，防止手包变形。

（5）被圆珠笔划过时，可以：①软布蘸牛奶擦拭；②软布蘸蛋清擦拭；③使用皮革保养剂。

走好人生路，
女孩不能没有一双好鞋

人们常说，女人的鞋柜里永远缺一双鞋。这句话里，有男性对女性执迷于购鞋的调侃，也有女性对自己鞋柜储备的不满足，但无论从哪个角度，它都说明了在人们眼中一双合适的鞋子对于女性的重要性。一双鞋，体现了女孩真实的内心，映射出女孩独特的品位，更彰显出女孩动人的气质。

婚礼上，男同事们起着哄逼问新郎强子，公司那么多女员工，怎么就单单对秀娟伸出"魔掌"。

强子红着脸，清了清嗓子，说道："说出来你们可能不信，我追小娟，是因为她会穿鞋。"

大家起哄的情绪更加高涨，笑骂声一浪盖过一浪。等大家的声音渐渐小了以后，强子又强调了一遍："真的，真的是因为鞋子。"

他深情地看了一眼身边的秀娟，又说道："我第一次注意到她，是在公司举办的年会上。那天，所有的女孩争奇斗艳，都在首饰和衣服上费尽心思，唯有她，穿着并不抢眼，可是一双舞鞋时隐时现地闪烁着光芒，让人不由得多看了几眼。从这以后，我就注意上了小娟。但是我也在想，这样的女孩，以前我怎么没有注意到呢？后来才知道，她在办公室的时候，都穿着走路声音小的鞋，因此并不引人注意。我就想，这女孩懂得照顾别人，是个好女孩。再后来，公司组织大家春游爬山。很多女孩都穿着皮鞋或靴子，只有她穿了一双登山鞋，清爽利落。我爷爷是个鞋匠，我很小的时候，他就一直告诉我，会穿鞋的人，才是明白人。"

每个女孩心中都有一双"水晶鞋"，都有一个"白马王子"。这双水晶鞋，引领她们的脚步去寻觅幸福，这个白马王子，牵起她们的双手去谱写人生。在女孩的一生中，每一双鞋、每一种鞋，都有着不同的含义、不同的用途，代表了她们不同的成长历程，不同的人生阶段。她们将在一双双鞋的陪伴下，走出属于自己的绚丽旅途。

良好气质养成方法

一双合适的鞋，才能伴随女孩踏踏实实地走下去。在选购鞋子时，女孩应该从哪些方面考量呢？

1. 合适

挑选鞋子的第一要素，就是合脚、舒适。脚是人体的重要器官，与身体健康息息相关，人类穿鞋的初衷，就是为了保护脚部。因此，不管什么款式、什么质地、什么价格的鞋，穿着合适才是第一要务。如果本末倒置，只顾体面或场面，勉强穿上不合脚的"水晶鞋"，只怕在双脚璀璨夺目的同时，脸上早已"狰狞恐怖"。

2. 款式、颜色、质地

女孩在挑选鞋子的款式、颜色、质地时，应尽量趋向于大方、经典且带有新意的风格。太过保守容易让女孩远离时尚潮流；而过于前卫、执着于做时代的弄潮儿的话，会使相当一部分女孩陷入不能驾驭、反被喧宾夺主的尴尬境地，还会使女孩不太合群，逐渐被孤立。

3. 高度

当女孩逐渐成长成熟、走入职业生涯、开始一段新的人生旅途后，高跟鞋便成了女孩鞋柜中不可或缺的角色。而鞋跟的高度，也有其相应的讲究。鞋跟太低难以凸显高跟鞋的优势，但穿着起来最为舒适。鞋跟高了容易疲劳，给人带来一系列的身体不适，然而它能让你在人群中傲然挺立。

4. 价格

对于大部分年轻的女孩来说，面对那些价格不菲的好鞋，往往只能望洋兴叹。女孩不必为此耿耿于怀，反而可以将其化为努力工作的动力。好鞋≠贵鞋，一双最适合女孩的鞋子不会让女孩"倾家荡产"。当女孩在工作上有所成绩时，再用自己的劳动所得去买一双心仪已久的好鞋，真乃人生一大快事也。

知识点链接

关于高跟鞋的起源，有一个有趣的故事。相传在15世纪时，一个威尼斯商人娶了一个年轻貌美的妻子。商人常年外出做买卖，担心独守空闺的妻子不甘寂寞，整日为此烦恼。一天雨后，商人走在泥泞的街道上，鞋后跟沾上的泥土让他行走困难。他突然灵机一动，找到鞋匠定制了一双后跟很高的鞋。

　　我们都知道，威尼斯是著名的水城，人们的出行主要依靠船只。这个商人的如意算盘就是：在船只的跳板上行走本就不易，更何况穿上这种高跟鞋呢？让妻子穿上高跟鞋，就能让她老老实实地待在家里了。谁知，这种新奇的鞋子让妻子玩兴大发，她带着佣人不停地上下跳板，而后乘船到各处游玩。穿上高跟鞋的她，身材更加窈窕动人，步态更加挺拔妩媚，一时间，使得许多追求时尚的妇女趋之若鹜，争相效仿，从此高跟鞋成为一种潮流。

闪耀魅力，女孩胸前的一点装饰

胸针，女性胸前的一抹亮色。或许，它没有戒指的寓意深厚，没有项链的绚丽夺目，然而，它却犹如一个小小的精灵，在女人的胸前静静地绽放着独特的魅力，为女性装点着举手投足之间的万种风情。一枚枚胸针，饱含了女性高雅的品位，彰显了女性独特的个性，更见证了女性那一个个动人的故事。

《罗马假日》中，安妮公主爱上了乔，最终却不得不与他告别。电影外，奥黛丽·赫本与格里高利·派克，终究也没能逃过命运的安排。

她是个跌落凡尘的天使，他是个英俊挺拔的绅士，他们在罗马相识，继而相爱。然而，理智却告诉他，他不能与她白头偕老。他并非单身，尽管婚姻已经走到了穷途末路，但他还有3个孩子。而她，也不敢让这份爱流淌出来。幼年的经历和她的尊严，让她无法对别人的丈夫开口言爱。两个人的爱，就这样灼热地燃烧在心间，却始终不曾表白，仿佛不曾发生过。而当她站在奥斯卡金像奖的领奖台上时,她十分意外,手足无措,只知道说一句:"这是派克送给我的礼物。"

他将自己的好友梅尔·费勒介绍给她。一年后,她嫁给了梅尔。派克出席了她的婚礼,送给她一枚蝴蝶胸针。正是这枚蝴蝶胸针,陪伴了她后来40年的岁月。后来,她离婚了。再婚后,又离婚。一个又一个的男人出现在她的生命中又离开,只有这枚蝴蝶胸针,从未离开她的身边。它满载着派克无声的爱,在她的胸前闪耀着动人的光芒,在她的身边陪她经历风雨彩虹。

1993年,天使回到了天堂。此时已77岁高龄的派克,远赴瑞士参加了她的葬礼。他泪眼婆娑地看着躺在花丛中的她,在送别时轻吻她的棺木,说:"你是我一生最爱的女人。"这句迟到了40年的话,终于从他的口中流出。

10年后,拍卖行举办了一次义卖活动,主要拍品为赫本生前的服饰。87岁的他再次赶来,拍回了那枚蝴蝶胸针,那枚祖母家传、而他当作结婚礼物送她的胸针。49天后,他双手握着那枚蝴蝶胸针,面带微笑,开始了前往天国寻找天使的旅程。

一枚小小的胸针，佩戴在女性神秘而魅惑的部位，那一丝蕴含着些许暧昧的意境，使它的美在人们眼中更多了一些朦胧的遐想。它的光芒让女性风姿绰约，女性的妩媚让它柔情无限。它陪伴着女性走过每一个重要的日子，每一段精彩的人生。它萦绕的每一丝浪漫，都让人怀念往日的爱恨悲欢；它蕴藉的每一份情怀，都让人体味人生的千滋百味。

良好气质养成方法

女性在佩戴胸针时，应该注意哪些方面呢？

1. 服装的款式

穿着羊毛衫、衬衫时，应选择款式别致、富有新意、玲珑雅致的胸针；穿着西服等正装时，可选择质地优良、造型稍大、纯色的胸针。

2. 服装的颜色

如穿着的上衣色彩较丰富绚丽，下装颜色较为深沉简单，可选择与下装颜色相同的胸针；如穿着的服饰整体色彩简单，可选择带有花饰的胸针。

3. 服装的风格

穿着休闲服时，如半高领的上衣，应选择造型简单的胸针，可凸显青春气息。穿着礼服等宴会服装时，则应搭配质地上乘的胸针，避免选用陶瓷、玻璃、塑料等材质的胸针，以免与服装质地产生太大差距，拉低整体品位。

4. 佩戴胸针的时间和年龄

白天佩戴胸针时，可选用金属或塑料等普通材质的胸针；晚上出席宴会等正式场合时，应选择钻石等质地上乘的胸针。年纪较轻的女性，应选择小巧、别致、富有情趣的胸针，不必过于讲究胸针材质；中年女性选择胸针时，造型、大小等没有过多的要求，但胸针也不宜过宽，否则容易在灯光的照射下过于刺眼；老年妇女应选择颜色较深、大颗宝石镶嵌的质地考究的胸针。

5. 佩戴位置

正常情况下，胸针应戴于上衣第一颗纽扣和第二颗纽扣之间的平行位置。上衣不带领时，胸针可戴于右侧；上衣带领时，胸针须戴于左侧。发型偏左时，胸针戴于右侧；发型偏右时，胸针戴于左侧。如发型偏左、上衣带领，胸针应戴于右侧领子上，或不佩戴胸针。当穿着左右不对称、无规则中线的服装时，可将胸针戴于衣襟正中，如此能在视觉上产生平衡效果。

知识点链接

如同各种花拥有属于自己的"花语"一样，不同材质的胸针也代表着不同的意义。人们佩戴胸针或以胸针为赠礼时，应当了解各种胸针的含义，以选择最适合的胸针。

钻石胸针：华丽、高尚、生活美满。

翡翠胸针：坦诚，倾慕；气质罕见，才华横溢。

翡翠配钻石胸针：永恒、情谊长存；高贵、价值恒久。

珍珠胸针：纯真善良，白璧无瑕；端庄、敬爱。

珊瑚胸针：具有生命力，有深度；朴实，深沉。

琥珀胸针：别有情趣；生活丰富多彩。

松石胸针、玛瑙胸针：魅力。

其他宝石胸针：富丽、华贵。

因地制宜，
女孩穿衣也要区分场合

俗话说："到什么山唱什么歌"，我们在平时说话办事时，要根据具体的环境，采取相应的措施。同样，穿衣打扮也是如此。如今，女性在社会中扮演的角色越来越多，要应对的场合也更加多样化。在不同的场合坚持穿相同衣服的女性，显然是单调的、"不识时务"的。

这天下班后，小蕾匆匆赶到约会地点，去完成老妈筹谋了一个多月的"相亲"。

下班前，公司临时通知晚上8点要在某酒店举办晚宴，要求全体员工尽量参加。小蕾本想打电话让老妈和那位相亲男士改约一个时间，却被老妈劈头盖脸一顿臭骂："一个晚宴你那么热心干吗？没吃过还是没见过？人家赵凯工作比你忙多了，特意推了一个大应酬，只为和你见个面，而且这是半个月前就约好的，你现在反而要变卦？什么？今天晚宴可能宣布大事？什么大事赶得上你的终身大事？你听好了，你要敢不去赴约，以后就别踏进我的家门！"

小蕾硬着头皮挂了电话，算了算时间。与赵凯吃饭最多一小时，跟他说明白自己公司还有事，饭后直接赶去酒店，应该来得及。如此想着，她连衣服都没来得及换，就来到了约会地点。

两人的具体情况，之前都大致了解过，彼此还算满意。今天看到赵凯，没想到本人比照片还帅，小蕾觉得挺满意，但赵凯从见面后，态度却一直不冷不热。小蕾记挂着公司的宴会，也没有多想。饭后，她向赵凯说明情况，赵凯也很绅士，主动驾车将小蕾送到了宴会地点。

下车后，小蕾道完谢便准备跑进酒店，这时，赵凯叫住了她，说道："恕我冒昧，想问一句，您的包里带着晚礼服吗？"见小蕾愣在原地，赵凯又说道："您该不会是什么场合都穿着一套职业装吧？跟我的约会，或许是家长的强求，您并不愿意，这个我能够理解。可是，看这家酒店的规模，想必贵公司的晚宴十分讲究。您穿着这套衣服进去，是准备去辞职呢，还是进去藏在角落里一直不露面？"

小蕾顿时恍然大悟，低头看了看身上的职业装，又看了看手表上的时间，一时进退两难……

无论是将生活习惯带到工作中，还是将工作氛围带回生活里；无论是不分场合地乱穿衣，还是无视身份地"穷讲究"，都不是女孩应有的穿衣之道。如今，穿衣早已不仅仅是为了保暖，着装所展现出的个人特点和风采，已经成了新时代赋予服装的新使命。天时、地利、人和，在女孩的穿衣讲究中缺一不可。这些，都需要女孩用心去把握。

良好气质养成方法

在不同的场合，女孩该搭配怎样风格的服饰呢？

1. 宴会场合以合适为主

在一些正式的宴会上，女孩挑选服装应以适合自己的风格和身份为主。青春、婉约风格的服装，是女孩出席宴会时的首选。女孩在挑选服饰时，应注意大体上符合自己平日在人们心中的印象。稍微添加一些出彩的细节、对自己平日的形象做一些修饰或补充，可以让人们眼前一亮，使女孩在他们心中的形象更为丰满、立体，但尽量不要画风大变，以免使人"大跌眼镜"。此外，女孩还应注意自己在这次宴会中的"身份"，如果是客人，则不可打扮得过分抢眼，以免喧宾夺主。

2. 工作场合以端庄为主

如今，大多数女性在工作场合，通常会选择职业装。女性的职业服装较之男性正装更有个性，但仍要注意服饰的端庄、稳重。尤其在

正式的工作场合，女性的职业装不可太短、不可太过暴露、不可太过透明。在颜色方面，女性职业装的最佳选择通常为黑色、灰褐色、藏青色、暗红色和灰色等。对于过于抢眼的颜色，如黄色、红色等，不推荐尝试。

3. 私人场合以舒适为主

女孩在私人场合，如朋友聚会、周末出游或独居家中，服饰可以舒适为主。宽松、面料优良的服饰能让女孩身心放松，充分享受工作之余的闲暇时光。如果在平时的交际中，女孩也穿着隆重的晚礼服或严肃的职业装，不仅影响自己的心情，也会影响聚会的气氛。

知识点链接

晚礼服又叫作晚宴服、舞会服，是女性礼服中档次最高、特色最鲜明的服饰，通常出现在较为正式的晚宴场合。晚礼服的挑选和搭配，与个人的体型有着密不可分的关系。

通常来说，身材较为娇小者，为了修饰身材比例，应该尽量挑选中高腰、腰部打褶、纱面的礼服。裙摆不应过度蓬松，也不可低于膝盖。

　　身材较为丰满的女性，应该选择直线裁剪的晚礼服，尽量不要挑选高领的款式。

　　对于身材修长的女性来说，可以大胆尝试各种款式的晚礼服。此外，包身下摆呈鱼尾状的礼服，尤其能凸显这类女性的身材。

第06章

做仪态大方的女孩，好气质从一举一动中显露出来

仪态，是一个人内在气质最直观的外在表现。对于初识或相交不深的人，人们往往会根据对方的仪态判断其气质，做出评价。大方的仪态，体现出女孩良好的教养；周全的礼数，展示着女孩高贵的气质。因此，无论在任何场合，优雅的举止、得体的言行，永远是女孩吸引别人眼球的法宝。美好的仪态，不仅带给他人美的享受，更是女孩斩获人心、走向成功的敲门砖。

轻声慢语，女孩不必"大嗓门"

越来越重的生活压力，让很多人的脾气越来越急躁。相对于男性，大部分女性更为情绪化，遇事不太容易控制自己。因此，有些女孩的嗓门便随着怒火"水涨船高"，渐渐变成了"大嗓门"。殊不知，很多时候，人们面对她们的"咆哮"，更容易采取置若罔闻的方式来对待。

忙碌了一天，回到家中，苏琳又和丈夫吵了起来。吵到最后，苏琳叫道："你一天不气死我，你一天不安生！"

此时的丈夫已经筋疲力尽，不想再搭理她，一扬手说道："你什么时候说话像个女人了，再来跟我谈。"

苏琳赌气摔门而去，跑到好友金丽家。两人刚坐下，金丽的孩子就回来了，拿着一张满是红叉的试卷，怯怯地递给了金丽。苏琳随意扫了一眼试卷，见做错的都是很简单的题，心想：这要是我孩子，非得先臭骂一顿让他感受"当头棒喝"才好。

结果，金丽只是摸了摸孩子的头，轻声问道："这些错题，你都不会吗？我记得昨天我还给你讲过这些。是因为粗心？那好，你先回屋去，自己把错题重做一遍。妈妈先做饭，等吃完饭，妈妈再和你一起讨论试卷。"

> 等吃完饭，妈妈再和你一起讨论试卷。

苏琳正要问金丽怎么这么"惯着"孩子，金丽的手机响了，电话那头传来金丽老公带着醉意的声音，说晚上不回来吃饭了。苏琳又先替金丽气了一顿：喝成这样了才想起打电话回来，这还得了，要是我老公，我非得当着他朋友的面把他骂醒了不可。

谁知，金丽没有动怒，只是柔声说："你早起胃不舒服，怎么还喝这么多酒？应酬完了早点回来，我给你煮点醒酒汤。好了，你忙你的吧，挂了电话记得让服务员给你拿点牛奶喝，先护护胃。"电话那头，金丽的老公不住地赔不是，挂断前，还轻轻地说了声"我爱你"。

看着双颊微红的金丽，苏琳突然觉得自己学到了什么。

雄浑有力、声若洪钟，从来不是用来褒扬女性嗓音的词汇；轻声细语、柔和甜美，才是人们为女性动人嗓音贴上的"标签"。《红楼梦》中，王熙凤出场采用"未见其人、先闻其声"的手法，让人们迅速在脑海中勾勒出了王熙凤的性格和形象。这也告诉我们，一个人的嗓音、语气，对其形象有着多么大的影响。女孩们，养成轻声细语的习惯吧，它将让人们更愿意与你交流，更愿意接受你的意见，更喜欢优雅温柔的你。

良好气质养成方法

在日常生活中，女孩该从哪些方面着手，培养自己轻声慢语的习惯呢？

1. 遇事沉着，冷静对待

遇事之时，性格急躁的女孩可以先深呼吸，或是捏自己一下，提醒自己先冷静下来，再做出反应。当然，这并不是要求女孩一定做到"喜怒不形于色"，压抑所有情感，而是要求女孩尽量使自己的情绪在任何突发情况下受到一定的控制，保持相对的稳定。有开心的事，女孩可以欢笑着与众人分享，但无须长时间、满世界地嚷嚷，搅得大家鸡犬不宁；而当女孩面对不公正待遇、受委屈等情况时，更应该表现出从容不迫的姿态。很多时候，一句冷静的、分贝适度的回复，往往比声嘶力竭的反抗或争辩更能震慑人心。

2. 改善心态

遇事不能冷静，情绪容易激动，往往是因为过分患得患失、不能体谅他人。那些得道的禅师、修士们，之所以能在大事面前稳如磐石、和声细语，是因为他们已经将个人的功过得失、利害荣辱抛诸脑后。女孩想要养成轻声细语的习惯，首先要从培养良好的心态开始。

3. 提高自己的语言质量

很多时候，人们的嗓门越来越大，是因为自己说出的话没有达到预期的效果，或许是被人无视，或许被人反驳，或许被别人误解。这就要求女孩在平时多锻炼自己的语言表达能力，多锻炼口才，不断提高自己的语言质量。

4. 从当下做起，注意每一句话

一个良好的习惯不是一两次或一两天就能养成的，它需要女孩有足够的耐心、自制力以及敏感度。女孩想要培养轻声细语的习惯，应该从自己的每一句话开始改善。而不是每天睡前突然想起今天仿佛又"大声"了，可惜当时没意识到，算了，明天再改……如此做法，好习惯永远不会养成。

知识点链接

"修士"一词，原本是"修道之士"的简称，原指修习道教的人士。后来,基督教传入中国,人们在翻译时,将基督教的僧侣也翻译成"修士"。

在道教中,修士分为信士、居士、道士、法师。信士是一般信仰者,尚未经过正式的宗教认定仪式;居士是获得皈依证的正式弟子,他们皈依三宝(道、经、师),并受持九真妙戒,简单来说是在家修行;道士是获得道士证的神职人员,在道观里修行;而法师通常是那些精通经戒、主持斋仪、度人入道、堪称众道典范的道士才能获得的尊称。

在基督教中,修士是指那些基督教修院制度形成以后进入修道院修行的人。他们的修行包括绝色、绝财、绝意。修士终身不娶,修女则终身不嫁,以侍奉上帝。修士们常年在修道院中工作、生活,很多修道院还有苦修的传统。修士们为了赎罪(基督教认为"人生而有原罪"),经常禁食、睡地板。此外,还有一些更严格的修院制度,如禁止修士与外界接触,甚至修士之间的言谈也被禁止,必要时只允许低语几句或打手势。

听心理咨询师给女孩讲气质

站有站相，
女孩的气质与站姿紧密相连

鲁迅先生在《故乡》中，曾经用生动的笔触描述了一位号称"豆腐西施"的妇女："……五十岁上下的女人站在我面前，两手搭在髀间，没有系裙，张着两脚，正像一个画图仪器里细脚伶仃的圆规。"文中，鲁迅先生用寥寥数笔，就刻画出杨二嫂尖酸、泼辣的典型的"非美好"形象。由此可见，站姿，在女性的形象塑造中，是一个很重要的因素。

美亚从小的梦想就是当一名模特，为此，她不仅每天喝牛奶、跳绳、打篮球，用尽了种种有益于长高的方法，学化妆、学穿衣，让自己一天比一天更美，还一直很留心时尚风向，以便自己将来能随时"跟得上潮流"，为工作带来便利。

高中毕业后，美亚抱着"出名要趁早"的信念，没有报考大学，而是奔波于全国各地，参加各种模特选秀活动。按理说，不论是身高还是样貌，更或是对模特职业的理解和热爱，美亚都是众多选手中的佼佼者，可每次参赛的结果，都是名落孙山。

美亚很是不服，对着母亲软磨硬泡半个月，终于说服母亲，为她高薪聘请了专业的模特导师，一对一地辅导她。半个月下来，导师终于发现了美亚的问题所在。她找到美亚，对她说："孩子，你这笔钱，真是花冤枉了。其实你只需要稍微改变一下习惯，就能梦想成真。你就从来没有发现过，自己站得太随意了吗？以往我给你上课，你知道自己在接受训练，所以神经一直紧绷着，行动坐卧，都很符合模特的标准。可是，昨天我无意间看见了平时的你。女孩，尤其是想要当模特的女孩，怎么可以站得那么'不拘小节'？站有站相，是模特的基本要求啊！只能靠在T台或镜头前紧绷神经才能表现出色的人，怎么能胜任长久的职业生涯呢？"

在日常的人际交往中，站立是一种常见的、基本的姿势。如何利用优美、雅致的站姿树立自己的美好形象，是每个女孩都应该掌握的技巧。站姿优雅的女孩，像一道美丽的风景，装饰着人们的人生旅途。

良好气质养成方法

那么，女孩在日常生活中，站立时需要注意哪些方面呢？

1. 抬头挺胸，双腿合拢

如同前文对步态的要求，站立时，女孩也需要挺胸抬头，尽量展现女性特有的线条美。除此以外，尤为重要的一点，就是要双腿并拢。站立时双腿张开，呈"圆规型"，是男性的"专利"，它表现了男性的气魄、豪迈。但女性若采取这种站姿，难免给人不端庄、不矜持之感。

2. 两肩同高，双腿承重

站立时，女孩应保持身体的平衡。左右平衡，要求女孩双腿均衡承重，不出现"高低肩"。有的女孩喜欢将身体的重量压在一条腿上，斜身站立，这样不仅不美观，对健康也会造成不良影响。前后平衡，要求女孩不前倾、不后仰，既不低头驼背，也不扬首挺肚。更讲究一些的站姿，如T台上模特的T字步，此时身体的重量应倾于立在后方的腿上，前方的脚点地，起辅助作用。但正如前文所说，这种姿势不宜久站，否则对身体有一定的损伤。

3. 不东张西望，不生硬转头

站立时，女孩应尽量不要东张西望，否则有失稳重。如遇人打招呼，或是需要和身边的人交谈，女孩的身体应跟随头部转动的幅度适当转动。整个身体保持不动，只是头部突然转过来，相信不仅女孩自己会感到不舒适，对方也会有异样之感。

知识点链接

　　《故乡》创作于1921年1月,最初发表于1921年5月《新青年》第九卷第一号。在这篇六千余字的小说里,鲁迅以两年前冬季回绍兴接母亲至北京时自己在故乡的所见所闻为题材,以满含悲愤的笔触写下了这篇小说。小说中,"我"目睹了辛亥革命数年后中国农村依旧破败、农民依旧困苦的境况,想到自己在社会中上下求索三十余年的亲身体验,写下了这篇让人满目悲凉却又看到无限希望的文字。

　　小说结尾有关于"希望"和"路"的阐述,蕴含着深刻的哲学道理:"希望是本无所谓有,无所谓无的。这正如地上的路;其实地上本没有路,走的人多了,也便成了路。"

博闻强识，肚里有货让女孩更有谈资

过去，人们常用"头发长，见识短"这句带有明显性别歧视的话来形容女性，如今，越来越多的女性用自身的能力给了这句话一记重重的耳光。然而不可否认的是，当今，依旧有一部分女性，只知道注重外在的修饰，而忽略了内在的修养。他人与之相处时，起初会因其外表的魅力而被吸引，可深入交谈后，才发现这样的女性实在没什么趣味，姣好的容颜也因为孤陋寡闻而大为失色。

随着一路过关斩将，月月终于闯进了地方台举办的"主持人选拔大赛"的总决赛。看着决赛的两位对手，月月陷入了难以言喻的紧张。

相比起来，在三位候选人中，月月的"硬件"算是最不理想的：她没有晓丽动人的容颜，也没有小华娇柔的音色。为此，月月愁得好几个晚上睡不着，急得直上火。

这天早上，妈妈特意给月月熬了败火的莲子粥，可月月的牙床已经肿到连莲子都咬不动了。妈妈见状，和月月聊了起来："孩子，就为了一个比赛，你已经上火成这样了吗？"

见月月不说话，妈妈又说："有进取心是好事，可是不能因为太要强，反而迷失了自己啊！你想想，那些被淘汰的选手中，有很多的容貌和音色也都强过你很多，可是为什么评委没有选择她们，而是选择了你呢？"

月月想了想，自言自语道："在很多次淘汰赛中，我经常让评委连连称赞，甚至起身为我鼓掌。"

"是啊，这是为什么？"

"因为评委认为我的即兴发挥好，不论什么话题都能信手拈来，谈论几句。"

"这就是了。孩子，你的过人之处，不在于外在条件，而在于你这些年来内在的涵养。这次比赛，你之所以能所向披靡，正是厚积薄发的结果。既然如此，你为什么不把自己的优势发挥到最大，而去和别人比'硬件'呢？"

月月深受启发。决赛场上，始终带着微笑、妙语连珠的她，最终戴上了桂冠。

博闻强识的女孩，也许她并不美丽，却能让与之交流的人甘之如饴。博闻强识的女孩，也许她并不性感，却能让与之相处的人印象深刻。花容月貌、沉鱼落雁，这些随着时光的流逝而逐渐掉落的标签，终归没有见多识广、妙语连珠的魅力久驻人们心间。女孩们，从今天开始，用你的睿智与内涵，来吸引他人的注目吧！

良好气质养成方法

女孩在平时该从哪些方面着手，为自己培养出博闻强识的内在美呢？

1. 关注社会热点并有自己的见解

在很多场合，社会热点和时事都是人们谈论最多的话题。女孩想要在社交活动中占据一席之地，就需要有能力参与这些话题。此外，仅仅参与话题是不够的，女孩还应对这些话题有着自己独到而客观的见解，尽量让自己能够参与讨论。在很多人眼中，女孩能够关注社会热点和时事已经是鹤立鸡群了，若能有自己的见解，那更是锦上添花。当然，这一切都要建立在女孩能对这些话题有一个正确的认识的基础上。

2. 涉猎各类知识并有相当的认识

在社会交往中，我们需要面对形形色色的人，也即是说，我们需要面对各种来自不同领域的话题。这就需要女孩拥有相当的知识储备，对自己需要的各种知识都有相当程度的了解。要做到这一点，需要女孩平时阅读各种书籍报刊，通过各种文化交流平台增长见识、丰富阅历、拓宽知识面。

如此，女孩才能做到和任何人都能"聊上几句"。

3. 对于各个领域的名人有一定了解

各个领域从古至今的名人事迹，也是人们在社交时喜爱谈论的话题。因此，女孩可以主动地了解一些相关知识。不过，对于很多人都热衷的"八卦事件"，尤其是现今社会中的名人八卦，女孩最好不要过分参与讨论。

知识点链接

中国传统文化中，人们习惯将沉鱼落雁、闭月羞花两个成语连用，用来形容女性的美丽。而这两个成语，据传典故出于中国历史上"四大美人"的传闻逸事。其中，沉鱼是春秋时期的西施，落雁是西汉时期的王昭君，闭月是三国时期的貂蝉，羞花是唐朝的杨贵妃。

沉鱼：相传西施在小溪边浣纱时，她美丽的容貌在溪水的映照下更加妩媚。水中的鱼儿看到西施的倒影，忘记了摆动身体，渐渐沉入水底。

落雁：西汉时期，汉元帝为了与北方的匈奴停止兵戈，采取"和亲"的政策。王昭君挺身而出，自愿远嫁匈奴，为双方的百姓求得安稳生活。前往北疆的途中，王昭君在马上拨动琴弦，手指下流淌出一首动人心弦的离别悲歌。天上的大雁听到琴声，看到王昭君姣好的面容，一时忘记了飞行，跌落在地。

闭月：相传东汉末年，司徒王允的歌姬貂蝉在后花园赏月时，突然一阵风刮来，一片云彩遮住了月亮。王允见到此情此景，记在了心中。后来，为了除去董卓，王允巧施美人计离间董卓、吕布。他到处向人夸耀貂蝉的美貌，宣称貂蝉的容颜让月亮也不敢与之争辉，看到她就躲到云彩后面。

羞花：唐朝开元年间，杨玉环进入宫中服侍唐明皇。一天，杨玉环在逛御花园时思念家乡，伤感之下抚摸了一下手边的花草。她没有注意到，自己抚摸的是含羞草，因此花瓣和叶子都收缩了起来。这一场景被一旁的宫女看到，从此越传越神，人们都说杨玉环的美丽让花朵都自惭形秽。

漫步舞池，
翩翩起舞的女孩醉人心脾

舞蹈，是一种表演艺术，是一种人类表达情感的肢体语言。早在人类文明起源前，舞蹈就在礼仪、仪式、庆典等多方面起着重要作用。华夏子孙在五千多年以前的奴隶社会，就已经开始用舞蹈来传递信息、交流思想、表达情感。如今，历史的车轮前行了数千年，舞蹈依旧延续了它最初的作用。当今社会中，人们用舞蹈来创造艺术的美，用舞蹈来表达心里的情，用舞蹈来展现自我的风采！

好莱坞著名影星奥黛丽·赫本，以其冰肌玉骨的容颜和独一无二的气质，令无数影迷为之疯狂。而她那旁人难以模仿的高贵气质，来自她从小学习芭蕾舞的经历。

从小，赫本就梦想成为一位芭蕾舞独舞演员。在她10岁时，母亲将她送入了安恒音乐学院，让她能够学习心爱的芭蕾舞。然而好景不长，不久，安恒就被纳粹占领了。赫本的诸多亲人包括舅舅相继被纳粹杀害，而赫本一家的财产也被纳粹没收，他们从此开始了艰难的生活。为了生存，他们经常要靠一种"绿色面包"（郁金香的球茎和烘草做成）来果腹，有些时候，甚至连"绿色面包"都吃不上，他们就只能灌个水饱然后赶紧上床躺下，用睡眠来抵御饥饿。

长期的营养不良令赫本十分消瘦，而这也直接造就了她后来的"铅笔"身材。然而，即使在如此艰苦的环境中，赫本依旧坚持芭蕾舞练习。物资匮乏的年代，让赫本买不到也买不起专业的芭蕾舞鞋，为此，她不惜穿上木制的舞鞋，即使自己的脚经常被这种鞋磨得血迹斑斑，她也依旧没有停止练习。"这个世界上没有什么比一个孩子的梦想更坚定的了，"后来，赫本在回忆那段往事时说道："我想要跳舞的渴望超过了我对德军的恐惧。"

正是这种常年的、坚持不懈的芭蕾舞练习，造就了赫本那无与伦比的气质。1948年，赫本凭借自己的气质，成功出演了音乐剧《高跟纽扣鞋》。1951年，在拍摄电影《蒙特卡洛宝贝》时，赫本结识了法国著名女作家高莱特夫人。高莱特夫人被赫本的气质所吸引，认定她就是《金粉世界》（戏剧，高莱特夫人作品）中的女主角。然而也是因为出演了这部戏剧，好莱坞

的大门从此为赫本打开。

如今，在很多社交场合中，人们通常会以舞蹈的形式进行沟通，以此来拉近双方的距离。而那些在舞池中优美旋转、翩然起舞的女孩，注定成为人群中的焦点。她们在轻盈舞姿中展现出的浪漫典雅，牵动着每个人的心。

良好气质养成方法

女孩在学习、练习舞蹈时，需要注意哪些方面呢？

1. 不能偷懒

学习舞蹈是一个长期而艰辛的过程，女孩在投入学习前，需要做好吃苦的准备。大多数舞蹈对于身体的柔韧性、协调性等有着很高的要求，这需要女孩能够坚持不懈、天长日久地锻炼下去，才能有所进步。"三天打鱼，两天晒网"的学习态度，是绝对无法真正掌握舞蹈艺术的。

2. 不能得过且过

学习舞蹈的过程中，女孩要做到每个动作都精益求精，而不是得过且过。舞蹈之所以美丽，就在于动作的优美。如果在学习每一个具体的动作时，女孩都不能达到标准，那么长年累月地积攒下来，女孩学到的恐怕就不是舞蹈，而是"舞倒"了。

3. 不能"贪功"

舞蹈是一种肢体语言，更是一种艺术。女孩在学习的过程中，不能只图做到动作潇洒、舞姿完美，而忽略了舞蹈本身蕴含的情感表达和艺术境界。一套没有情感的舞蹈动作，即使表现得再优美，观众或是舞伴也只会觉得这是一套动作，而不是一种艺术。此外，有些女孩为了进步飞速，不顾身体实际情况勉强练习的行为，也是不值得提倡的。这样很容易损伤身体，适得其反。

知识点链接

根据现有的调查数据，在跳舞时，人们容易受伤的部位多为脚部、背部、膝盖、脚踝、腿部，而造成这些伤情的原因不外乎两类：一类是外因，如运动过度、服装、舞鞋不合适，准备活动不充分、舞蹈动作有误、教练教学失误等；另一类是内因，如舞者自己急于求成，肢体力量不足以支撑，身体协调性不足，舞蹈动作没有完全掌握等。

为了预防受伤，舞者可以根据以上原因逐一改善。如准备适合的服装和舞鞋，跳舞前做好热身准备，充分舒展身体，选择专业的舞蹈教练，放松心态，根据身体的实际情况选择舞蹈项目、课程等。

沉心静气，
安静的女孩也能成为焦点

西方有句谚语，用来形容女性的聒噪与喧闹叫作"一个女人等于500只鸭子"。后来，有人由它引申出一个笑话：某男的车上载着两位女士，行驶在乡村的道路上。一路上，两位女士不停地聊天、争辩、唠叨，搞得开车的男士头昏脑涨。他一怒之下，将车撞上了路边的树上，两位女士吓得停止了说话。过了好一会儿，两位女士回过神来，开始埋怨这位男士的开车技术，男士答道："是的，女士们。但是谁又能保证车里塞满1000只鸭子的时候还能好好开车呢？"相信看完这个笑话的人，在会心一笑之余，也会想起身边那些"能言善辩"的女性。

"这次宴会上你什么都没说，怎么反而被评为'动人之星'？"

"结婚的时候不这样，这两年不知怎么了，她那嘴越来越碎，每次一听她开口我就恨不得自己耳朵聋了！"

"我知道,你不漂亮,你也不聪明,但是,你沉静的气质,让我着迷,答应我的求婚吧!"

"别看小邱平日里闷声不语,人缘儿可好呢!谁都爱找她聊天。"

"不要再说了!你的大呼小叫只会让我更加反感,我不认为我们还有沟通下去的必要!"

"这位女士,关于你的工作,你已经滔滔不绝地说了半个多小时,我也很欣赏您的能力和成绩。只不过这些跟我有什么关系呢?"

"我想你可以闭嘴了。如果你只是想让我帮忙做家务,你用眼睛扫一下拖把或是碗碟就可以,你实在是没有必要用半天的时间跟我论述'嫁给我到底是瞎了哪只眼'这个伪命题。"

"好了小赵,关于你在这次项目里的贡献,我想我已经听得很明白了。公司不会忘记你的功劳,现在出去,带上我的门,听清楚了吗?"

越来越快的节奏,使得人心越来越浮躁,时代越来越喧嚣。当无数女性从家庭走上社会,从幕后走到台前,面对种种纷至沓来的压力,很多女性将"喋喋不休"视为一根救命稻草,从早到晚唠唠叨叨,不胜其烦的人们，开始更加怀念女性那渐渐遗失的端庄、沉静，那无论什么时候都如睡莲般恬淡、静谧的气质。

良好气质养成方法

生活中，女孩应该从哪些小节着手，让自己安静下来呢？

1. 多倾听，少插话

倾听，让女孩有更多的机会了解别人；沉默，让女孩在他人眼里更富神秘色彩。一个懂得倾听的女孩，明白给予他人充分的发挥空间，主动交出"话语权"，让他人在与她交谈时占据上风。看似吃亏的她，实则已经赚回了大笔人情。一个安静、微笑的女孩，在"演讲者"眼中，是最棒的听众，是最美的花朵。

2. 多自嘲，少讽刺

"安静"不是要女孩一言不发，如果局势需要女孩站出来调节气氛，女孩可以适当自嘲博众人一笑，但不可讽刺、挖苦他人。不当的语言就像一把刀，随时可能刺伤别人。如果被嘲笑、讽刺的人恼羞成怒，奋而反击，那么此时即便女孩依旧笑脸相迎、沉默以对，在众人眼里，这时候的安静又有什么意义呢？

3. 不动怒，不争执

遇事控制情绪、尽量避免争吵，是女孩在与人相处时必须要做到的。愤怒让女孩失去控制、争吵让女孩不再淡定，针锋相对、面红耳赤的情形，只会让自己失了风度。面对他人的挑衅，女孩岿然不动，他人自会甘拜下风；面对彼此之间的矛盾，女孩主动退让，对方自会礼尚往来。

知识点链接

在中国，历来有"三个女人一台戏"的说法。相对于男性，女性更"擅长"于聊天。女性朋友相聚时，无论从话题的数量、种类还是从聊天消耗的时间、投入的专注度来说，都远远超过男性。对于女性来说，每个人都有自己想要讨论的核心话题；而在言谈间，每个人又似乎都能参与到任何话题的探讨中。

有些女性爱比较、不服输的性格，也会让聊天过程更加精彩纷呈：我愿附和你对于某人的指摘，为你出谋划策；你需为我鼓掌呐喊，倾听我新近的成绩。你儿子考得不如我儿子好，我非得抢过话柄多说几句；我老公没你老公挣得多，我必须找出他强过你老公的长处……于是乎，在逐渐热火朝天的氛围中，一场场"大戏"也就此拉开帷幕。

优雅行走，
每一步都走出女孩的气质

有位作家说："路，人人都能走，但未见得人人都会走。"这句话中，包含着无尽的人生哲理。而如果只理解这句话字面上的意思，也可以套用在女孩的行走上。现实生活中，有的女孩走起来，是一道风景，让人着迷；有的女孩走起来，却是大煞风景，让人咋舌。

"她的背影真迷人，走起路来比模特还要美！"

"你才二十出头，怎么走路跟风烛残年似的，脚下没根？你别贴着我走，我扶不起你！"

"好好走路，这么大的丫头了没个正形，东一脚西一腿的，跑个100米你都要比人家多出20米！"

"恕我直言，你这个走路姿态，当不了演员。你连一个普通的小姑娘都演不了，你只能演你自己。"

"她在你们这群新晋司仪中，相貌、身材确实都是垫底的，但是，她走路的仪态，是你们所有人的榜样。"

古往今来，人们发明了无数美妙的词汇，用来形容女性步伐的美丽，如步步金莲、风摆杨柳、摇曳生姿、款步姗姗……仅是看到这些词，人们眼前就已经浮现出一幅幅美妙的图画，更何况那些步态优雅的女性走在面前呢？女孩，或许没有美丽的容颜，或许没有婀娜的身材，或许没有甜美的嗓音，但女孩一样可以用自己款款轻盈的步伐，打动人心，打造气质。

良好气质养成方法

女孩在日常生活中，应该注意哪些方面，积极主动地调整自己的身姿步伐呢？

1. 走得慢一点，"重"一点

女孩走路，不应像男生走路那样风风火火、来去匆匆，女孩就应该走出女孩的端庄与典雅。不论平时的身姿多么优雅、步伐多么迷人，一旦疾走起来，优雅和迷人都难以保持。同时，女孩的每一步，都应该"脚踏实地"，让人觉得稳重、踏实。病西施似的随风摇摆，已不再适合当代的审美观，不再适合青春洋溢的女孩们。

2. 走得挺一点，"傲"一点

很多女孩，尤其是青春期的女孩，经常会因为身体的发育感到羞涩，因此习惯驼背，走路的时候也含胸低头。其实，这是一种很不好的习惯，长此以往，不仅会影响到脊柱的健康成长，还会使女孩看起来畏畏缩缩，毫无气质。女性的线条，是造物主赐给女性的礼物，女孩不应刻意掩饰，反而应该挺胸抬头，骄傲而自豪地舒展身体、展现身姿。

3. 走得直一点，稳一点

女孩走路，最忌在地上"画龙"，即两脚之间的横向宽度太大。这样走路，在别人看来没有"重心"，毫不稳重。女孩可以参考T台上的模特走路，两脚的行进路线基本保持在一条直线上。这样，女孩走路时身体随之摇摆的幅度，可以更加凸显女性的柔媚。

知识点链接

"金莲"一词，源于南北朝时齐国最后一个皇帝萧宝卷时期。史载，萧宝卷荒淫残暴，奢靡放纵。他宠爱美艳风流的潘玉儿，甚至到了乐于被其驱使、奴役的地步。潘玉儿天生一双柔若无骨的小脚，令萧宝卷如痴如醉。为了讨好潘玉儿，他让工匠们用黄金做成莲花的形状，一朵一朵地贴在地砖上。每当潘玉儿赤着脚轻盈地跳跃行走于这些金莲上时，便让萧宝卷感受到一种"步步生莲"的美意。后来，人们便逐渐开始用"金莲"来指代女性的小脚。

中国古代妇女缠足的风俗，并不是古来有之。五代以前，妇女是不缠足的。至北宋，缠足的风俗开始兴起，但此时缠足是将脚裹得"纤直"，并不弓弯，有点类似于今天的女性穿上高跟鞋的样子；到了元代，缠足的风格继续向纤小靠近。至明朝，缠足进入兴盛时期，开始有了"三寸金莲"的要求。

在历史上，缠足曾被屡次禁止。清政府多次下达诏令，要求妇女保持"天足"，太平天国政权也要求妇女不得缠足。然而，这项古老而戕人身心的风俗，直到辛亥革命以后，才逐渐退出了历史舞台。

第07章

动感活力的女孩,健康活泼展现年轻气质

曾几何时，人们以"弱不禁风"作为女子美的标准。如今，随着社会的进步，"病西施"的羸弱之态已不符合大众的审美观。健康的女性，充满了生命的张力。她的动感与活力，能感染周遭之人，让人体会到盎然的生机与生命的美好。健康的女性向人们宣告：生于这个世界，我将以最好的身心状态，以全部的心血精力，为了自己、为了家人、为了社会、为了民族，奉献出自己的力量。

运动起来，
餐桌社交不如一起流汗

如今，人们流行着一种说法，叫作"请人吃饭不如请人流汗"。曾经，在那个物资匮乏的年代，人们商务会谈、朋友相聚、走亲访友，常喜欢去"下馆子""撮一顿"，借着种种机会来犒劳自己寡淡的肠胃。然而，随着社会经济的发展、人民生活水平的提高，很多人的血糖、血脂等指标也跟着钱包里的钞票一起水涨船高。因此，健康已成了时下人们最关注的话题。

每逢过年，就是王姐最无奈的时候，坚持了一年的减肥行动，往往都在这几天化为泡影。整个春节，她在家和家人大鱼大肉，出门访友也免不了山珍海味，7天的假期，十几顿宴席，她能胖出20斤。

随着年纪慢慢增长，年节期间这种不健康的饮食习惯让王姐的身体渐渐吃不消了。回想起过去每年节后体检报告单上各项越来越高的数值，她痛下决心，今年，一定要过一个不一样的春节。

春节来临前，王姐就与家人和亲朋好友们商量，今年春节换一个方式过。自己家里不再准备过多的油腻食物，节日里也不再胡吃海塞，而是趁着假期好好调整身心；与亲友们的聚会，也不再奔着美食去，而是奔着美体去，大家可以一起去健身房锻炼锻炼，增强体质，或者去汗蒸馆放松一下，排排身体里沉积的毒素。

王姐的提议得到了大家的一致赞同。她是个办事利索的人，很快便通过团购、优惠网站等渠道订购了健身房、游泳馆、汗蒸馆等地的体验卡。她先和家人尝试了几处，发现效果极好。在健身房，她跟着教练学健美操，丈夫带着女儿打乒乓球；在游泳馆，她和丈夫一起耐心地教女儿游泳；在汗蒸馆，一家三口一边聊天一边拿彼此大汗淋漓的模样打趣，几天的时间里，三口人过得轻松惬意，而且使工作、学习上累积的疲惫得到了纾解。

有了良好的体验后，王姐便轻车熟路地带着自己的亲友们开启了"春节健康之旅"。亲友们体会了一把"新式"年节，不仅感觉新鲜，而且确实从中收到了益处。王姐热情地用优惠卡招待他们，不仅花费没有往年的一半多，还与亲友们更加亲密了。

当今社会，越来

越多的人处于亚健康的状态，人们也更加开始关注健康问题。调查显示，曾经作为高层次消费需求的体育方面的消费，如今在人们的消费比例中份额不断增长。同时，很多人在进行体育消费时，已经由最初的强身健体的基本要求逐渐升华为调节身心、自我完善等更深层次的追求。时下，时尚的人们更是将各种社交活动融入了运动中，这不仅为交际双方带来了更加愉悦的体验，更是引领起一股健康、绿色的时尚风气。女孩与人相处，不妨也"走下餐桌"，让彼此运动起来。

良好气质养成方法

除了以健身为纽带融合社交关系，女孩也可以利用健身的机会，扩展自己的人脉网。爱运动的人，通常都是心态积极、热爱生活的上进之人。女孩经常健身，出入各种运动场所时，很容易结交到志同道合、充满正能量的人生伙伴。

那么，哪些场所中隐含着女孩尚未发现的缘分呢？

1. 健身房

现今，很多城市的空气质量并不能保证365天的优良，而很多运动项目也需要相应的器械才能完成，因此健身房在运动一族中呼声很高。精明的商家早已洞察人们健身、社交两不误的美好愿景，很多健身中心在推出性价比较高的年卡后，还专为边健身边社交的时尚潮儿准备了时段卡和社交卡。在这里，女孩不仅享受着各种自由、便利的健身形式，也享受着各个器材的摆放位置——用心的商家往往会将这些器材之间的距离设成一对朋友或初识之人展开交流的最佳距离。

2. 游泳池

游泳能使人身体放松、沉静思想，让人的心灵得到净化。而泳池边的休息区，是放松后的人们进行沟通、交流的绝佳地点。相对于男性，女性在泳池边的禁忌较多。在选择泳衣的质地、款式时，都应有所考虑。更为重要的是，因为此时的女性衣着"覆盖面积"较小，所以在与人交流，尤其是在与男性交流时，要更注意把握分寸。

3. 羽毛球场（或网球场）

尽管很多体育馆中设有羽毛球场，越来越多的城市中也纷纷建起大大小小的羽毛球馆，但在条件允许的情况下，很多人还是喜欢在蓝天下、在微风中打一场痛快淋漓的室外羽毛球（或网球，下略）。这也在无形中定义了羽毛球这项运动在人们心中的含义：开放、明亮、活力。羽毛球的一大特点，就是双方在较为激烈的对抗中，并没有身体接触，而是在你来我往的较量中相互交流、相互切磋。与偶遇的陌生人或是同行的朋友，组织起一场场对决，单打、双打、混合双打，均可让大家在比赛中建立友谊、加深感情。

4. 舞蹈教室

热情的桑巴、优雅的芭蕾、飘逸的华尔兹，都能给人带来美的享受。在学习舞蹈的过程中，每个人的内心都是愉快的、柔软的，而又充满激情的。舞者脸上绽放出的自信的笑容，是舞池中最美的风景；而舞者也相信，这是最美的自己。沉浸在这种氛围中的人们，更懂得欣赏他人，更愿意与这些美丽的人相交一场。

知识点链接

针对当今社会人们的大体情况，国际卫生组织根据研究提出了一个标准，甚至可以说是最基本的标准：每人每天应至少进行半小时的有氧运动。人们说的"请人吃饭不如请人流汗"，看似风趣，实则揭示了流汗对于人体的重要性。

长期不排汗，人体中的很多毒素难以排出，对于身体危害极大。这种流汗，是要求人们主动流汗，在中医上叫作"动汗"；而不是静止状态下不自主流出的汗，如吃饭时（正常温度的环境中）满头大汗、夜间睡觉盗汗，这些都是身体出现问题的信号，需要引起我们的高度重视。

修身养性，瑜伽对女性大有裨益

瑜伽本源于古印度，原指古印度六大哲学派别中的一系，是一种探寻"梵我合一"的道理和方法。今天，我们所说的"瑜伽"，则是一种修身养性的运动方式。如今，这项起源于古老东方的艺术，不仅流行于东方，且在欧美也大受欢迎。

从三十几年前出道至今，麦当娜一直是世界流行风向的指向标，引领着时尚的潮流。她火辣的身材和特立独行的个性，曾经是人们十分热衷的话题。如今已年近六十的她，白皙的面庞上被岁月画上了几笔细纹，但她的身材却依旧性感如昨，吸引着无数男性的目光。用她自己的话说，这要感谢瑜伽。

年届不惑时，麦当娜感觉到了岁月对于身体的影响，她积极"应战"，以主动的改变来适应这些变化。她并没有采取很多女性惯用的"节食疗法"来控制身材，而是将目光投向了瑜伽。她从小就学习芭蕾舞，对钢琴也相当熟悉，这些都是她学习瑜伽的良好基础。20世纪90年代末，麦当娜在朋友的介绍下参加了瑜伽讲堂。

从接触瑜伽后，麦当娜就开始了刻苦的学习。她的舞蹈基础让她在掌握瑜伽动作要领时更有悟性，但她并没有因此而自满，而是对自己的要求更加严格。每次上课前，她都会自己先做半小时到一小时的热身。她最喜欢的瑜伽形式是"Ashtanga"（瑜伽的一种），因此她每次都会将一个Ashtanga坚持做满90分钟，然后再提高动作难度。麦当娜很明白，光靠老师是学习不好瑜伽的，重要的是自己用心去体会瑜伽。

麦当娜学习瑜伽的初衷，是保持身材，而在学习的过程中，瑜伽会带给她更多意料之外的惊喜。在修习瑜伽时，麦当娜开始"转型"，从人们口中的"坏女人"变成了贤妻良母。她在练习瑜伽的过程中，找到了让自己心态平和的平衡点，瑜伽为她提供了一种宣泄情绪的渠道。面对流言蜚语，她不再以一种"破坏性"的行为来倾泻情感，而是学会了适应和包容。

在麦当娜入行25年（2008年）时，她身边的好友在接受采访时曾说道："她每天做两次瑜伽，并且把骑车、跑步这些运动作为辅助练习，因为她要让自己始终保持活力。"

今天，越来越多的人被瑜伽的魅力俘获，纷纷加入修习瑜伽的行列。作为一种自然而极具亲和力的运动，瑜伽能够帮助人们健身、减脂，还能使人们的情绪得到宣泄，心灵得到放松，令人们的身体和精神达到和谐统一，有助于人们预防疾病，十分适合女性练习。最可贵的是，瑜伽对于修习者的年龄并没有严格的限制，各个年龄段的女性都可以练习瑜伽。

良好气质养成方法

女孩在修习瑜伽时，应该注意哪些方面呢？

1. 练习前热身

任何运动在开始前都要做好充足的热身准备，瑜伽也是如此。在开始练习前，女孩要先做好热身，让身体舒展开来、柔软起来，同时调整呼吸，平静心绪（瑜伽最忌浮躁）。

2. 有了认识再行动

学习瑜伽不是一蹴而就的，需要女孩长时间地积累经验，不断加深认识和增强身体素质。每一个瑜伽动作，女孩都要在脑海中仔细研究，当确定自己已经对这个动作有了正确的认识后，再用自己的身体去体会。在完成动作时，如果身体能够接受（如不感到疲劳、疼痛等），那么可以慢慢地尝试进一步的扩展动作。

3. 找一位合格的老师

跟随专业、富有经验的瑜伽老师学习，是十分重要的。在学习前，女孩应该向老师展示自己真实的身体情况，以便老师做出正确的判断，选择适合你的教学模式和训练强度。

4. 做适合自己的动作

学习瑜伽前，女孩应对自己的身体状况有足够的了解，这样才能避免身体受伤，收到最好的练习效果。同时，女孩应该明白，每个人的身体都是独特的，没有什么人能做到所有动作，也没有什么动作适合所有人去做。因此，女孩在学习瑜伽时，可以在身体允许的前提下挑战属于自己的极限，而不应盲目攀比，只顾赶超他人。

5. 穿合适的衣物

练习瑜伽时，赤脚是最佳的选择。而衣物方面，应选择非活性天然纤维材料的柔软衣物，以便体感舒适、皮肤呼吸顺畅。

知识点链接

练习瑜伽的好处，除了减脂、塑形，大致还有以下几点：

1. 增强免疫力

瑜伽可以增进血液循环，修复受损的组织，令身体组织得到充分的营养，从而强壮体格，增强免疫力。

2. 提高专注力

在练习过程中，瑜伽要求人们在一呼一吸之间进入一种忘我的状态，而这种忘我，就是一种极度的专注。经常练习瑜伽，体会这种专注，能够让人们在工作和学习中更容易集中精力。

3. 调节情绪

瑜伽能够让人的身体得到舒展，心灵得到宁静。在学习瑜伽时，老师经常会让学生"深呼吸"，放松心态。深呼吸能够让人冷静，在一种平和的心绪中忘掉压力，修养身心。

4. 延年益寿

瑜伽可以让人们疲惫的身体得到放松，劳损的身体得到修复，羸弱的身体得到锻炼。脑部、脊柱、内脏、腺体等的健康程度，决定了人体的生命长度。而在瑜伽的练习中，这些因素都会得到改善和加强。

认识舍宾，
健身项目中的"时尚达人"

"舍宾"一词，是由英文"SHAPING"音译而来，20世纪90年代起源于俄罗斯。从字面意思来说，舍宾就是塑造、成形。简单来说，舍宾就是形体整形、塑造或雕塑。与普通的健美操、有氧操不同，舍宾是一种全方位追求形体美和形象美的运动。与强调身心合一的瑜伽不同的是，舍宾强调的是完整的形体雕塑和形象设计系统，它包括形体测试系统、形体锻炼系统、形体营养处方系统、形体模特服装、发型优化系统、软组织运动雕塑程序方法体系等。

人人都夸慧慧长得漂亮，身材好，性格开朗，工作也好……在别人眼中，慧慧是个让男人心动让女人羡慕的女孩，可是他们却不知道，慧慧从爱美的年纪起，就一直为自己的一双"象腿"发愁。

不知是因为遗传还是小时候运动不当，慧慧的身材瘦弱单薄，唯独小腿却十分"壮硕"，简直和大腿一般粗。

为此，从十几岁起，她就没有穿过裙子。即使夏天贪凉在家穿裙子，偶尔去拿报纸或是扔垃圾，她也一定要换上裤子再出门。

好在，慧慧如今找到了救星。单位的巧玲产后体形大变，为了恢复往日的风采，经人介绍，她开始接触舍宾。一段时间后，感觉成效确实不错，便向同事们推荐了这项运动。慧慧听了十分动心，便约上巧玲，每个周末一起去参加舍宾练习。

来到训练馆的第一天，教练就为慧慧做了各项测试，并根据测试结果和慧慧本人的意愿制订了一个很有针对性的计划，这让慧慧很放心教练的专业素养，并对这项运动也充满了信心。训练刚开始的那几天，严格的饮食计划让慧慧难以适应。她可是出了名的怎么吃也吃不胖，如今就为了瘦小腿，就要戒掉口腹之欲，实在是让人苦恼。她向巧玲诉说了这些，巧玲劝道："开始的时候是这样的，经过一段时间，你就适应了。何况，这项运动并不像你想象的只为了瘦小腿那么简单，它会让我们养成一种健康的生活习惯，形成更好的生活理念，培养出女人应该有的各种气质。"

在巧玲和教练的帮助下，慧慧挺过了最初那段艰难的时光，将舍宾练习坚持了下来。一年以后，久不联系的大学同学在电话中突然问起慧慧练习舍宾的效果如何，是否如愿，慧慧笑着答道："说真的，在第3个月，我就已经不甚在意我的腿了。当然,它们现在已经令我满意。现在我觉得,舍宾改变了我整个人的形象和气质,它让我感觉到一种由内而外的整体美感。"

舍宾一经问世,很快流行起来。如今,舍宾的流行范围越来越广,受到了更多人的关注和青睐,俨然已经成为健身项目中的"时尚达人",在人们热烈的追逐中成为一种潮流。专业的舍宾教练经常笑言练习舍宾就是"捏泥巴",从形体、饮食、运动等各个方面,针对每个人各自的实际情况来酌情塑造。如今,舍宾的修习人群主要为女性,因此舍宾也被人们称为"女人的私房运动"。女孩练习舍宾,可以在科学系统的锻炼修行中,依次达到现代人追求的5个美的层次:健康美、静态美、动态美、气质美以及整体美。

良好气质养成方法

女孩在练习舍宾时,在饮食方面需要注意哪些呢?

1. 睡前阶段

无论当日是否练习舍宾,在睡前2~3小时内,都不可再进正餐。

2. 进食和禁食

进食：养成少吃多餐的习惯，每天可进餐4~5次，以蔬菜和水果为主，应尽量少吃或不吃高热量的食物。舍宾练习前3小时，可进一顿正餐，这顿正餐依旧应以蔬菜和水果为主，可以搭配少量主食。练习前2小时，牢记要食用一些新鲜的蔬菜和水果。练习结束3小时后，可进正餐，在正餐前，可先吃一些水果，以减轻饥饿感。

禁食：练习开始前5小时和练习结束后5小时之内，不可食用含动物蛋白的食品，如牛奶、鸡蛋、鱼肉等。

3. 饮水禁忌

练习结束后不可立刻饮水，需要1小时以后才可饮水。此时也不可饮用含高糖分、高热量的饮品，只可饮用矿泉水、纯净水、白开水及无糖茶水。

知识点链接

舍宾与很多运动的不同，就在于它的针对性。练习舍宾之前，每个人都要进行全方位的测量，包括形体、骨骼、器官、心理等各个方面。而舍宾的练习，包括姿势、姿态协调性以及一些软组织。这是一种由浅到深、循序渐进的运动。例如姿势的训练，它为每个人指出最合适的姿态，然后令其在成千上万次的训练中形成肌肉记忆，从而在举手投足之间自然而然地养成良好习惯。

在饮食方面，舍宾并不强调节食，而是根据每个人的具体情况制订合理的营养配方。这些配方并不来自医生和各方面专家的过往经验，而是综合了练习者的身体情况、运动情况和营养情况等各方面因素后，为了让练习达到最佳效果，有针对性地制定的科学配方。

舍宾还有一个特点，算是在所有运动中的"独树一帜"，那就是在舍宾的训练中，有时候会要求女性学员穿高跟鞋。这是为了训练女性站立、走路的姿态，塑造女性独特的形体魅力。

边吃边动，
饮食合理运动才更有效

很多人对于健身（尤其是减肥）期间的饮食存在误区：有人认为运动后消耗太大，需要补充大量的营养来维持机体活动的能量供给；有人认为运动就是为了消耗，健身后应当少吃甚至不吃，才能达到最佳效果。其实，这两种想法都失之偏颇。在前文我们说过，不管什么运动都要适量，才能有恰到好处的效果，饮食也是如此。在健身时，只有配合科学健康的饮食，才能让体质在充足营养的供给下得到提高，让日后的运动更好地进行下去。

跑了两个月的步，月月满怀希望地站上体重秤，又大失所望地退了下来。

两个月间，她日日坚持跑步，刮风下雨从不间断，每次跑完步回来，从里到外的衣服都湿透了，可是辛苦了这么久，体重非但没有减下去，还上涨了5千克。

正在她百思不得其解的时候，老公端出晚饭，笑呵呵地过来叫她吃饭。她来到餐桌前，看着满桌的大鱼大肉，突然明白了。原来，自从她开始健身以来，疼爱她的老公见她每天那么辛苦，就主动承包了晚饭这项"业务"。厨艺上佳的他，每天变着法儿地给她做美味佳肴，就为了让她在跑步后能好好地"补补身体"。而她从开始跑步以后，胃口也比以前更大了，每次吃着老公做的爱心晚餐，都好似狼吞虎咽、风卷残云。

她又放任自己吃了最后一顿，然后严肃地"批评"了老公，并要求他以后每天晚上只许为她准备一根香蕉和一杯酸奶。老公开始还劝了几句，见她态度坚决，只得依她。

第二天开始，月月从早餐起就勒紧了裤腰带，吃了一个苹果，喝了一杯牛奶便出了家门。中午吃饭时，她也不再和同事们一起去享受美食，而是拿出了一袋苏打饼干，简单啃了两块。开始的两天，她还感觉不错，心想原来一节食就能感觉到"身轻如燕"，以前真是浪费了大把时光。然而到了第三天，早起时她的脸色就不太好；晚上跑步时，老公担心她的身体，特意陪她一起跑。两人刚绕着花坛没跑两圈，月月就一头栽倒在地。

古语云："兵马未动，粮草先行"，这句话告诉人们凡事要有未雨绸缪的准备；同时，它也从侧面揭示了营养供给对于人体活动的重要性。大鱼大肉固然不对，但不吃不喝也绝对不是正确的做法。女孩想要收获理想的健身效果，制订一份科学的运动食谱，是十分必要的。

良好气质养成方法

健身期间，女孩在饮食方面应该注意哪些呢？

1. 喝些什么

俗话说，水是生命之源。在运动食谱中，饮品的选择和摄入至关重要。时下年轻人经常是不渴就不喝水，这是很不可取的习惯。当人体感觉到口渴时，已经处于轻度脱水状态，长此以往，对于健康并没有什么好处。在运动中，更要注意及时补水。当人体因出汗而失去的水分达到体重的2%~3%时，运动能力就会下降。运动中，尤其是出汗较多时，应保持每15~20分钟补充120~240毫升水的频率。

此外，在运动时，最好不要饮用茶类、碳酸饮料、白开水或果汁，而应选择一些含有电解质和维生素的运动饮料以补充能量。大量运动过后，可以选择果汁来补充营养。

2. 吃些什么

在平时，应当注意合理饮食，三餐的食品种类和数量，应根据具体情况和科学计算来制订，而不是仅凭自己的兴趣。即便在减肥中，女孩也要保证适当的主食（米、面等）的摄入量，如此才能有充分的运动能量。多吃蔬菜和水果，如可以，应尽量多吃可生食的蔬菜。运动后的1小时内，需要及时补充蛋白质和糖。当然，以上所述，都需要建立在适量的前提上。

3. 别吃什么

不可暴饮暴食，也不可不饮不食。尽量少吃或不吃高脂肪、高热量的食物，如油炸食品、肥肉、奶油等。植物蛋白和动物蛋白的摄入量应保持合适的比例，尽量避免过多食用肉类，而应多喝牛奶或多吃豆制品。

知识点链接

水、脂肪、蛋白质、维生素、矿物质和碳水化合物，是构成人体要素的六大营养素，而运动能量主要依靠碳水化合物、脂肪和蛋白质供给。运动量越大，消耗的热量（碳水化合物）越多，所需要摄入的热量也就越多，同时也需要蛋白质来构成、修复肌肉纤维。在健身时，女孩不可一味节食，也不可过分贪吃，需适量饮食，并且使碳水化合物、脂肪和蛋白质的摄入比例分别保持在55%～60%、25%和15%，如此才能达到减脂、健身的效果。那么，碳水化合物、脂肪和蛋白质具体有哪些作用，又存在于哪些食物中呢？

1. 碳水化合物

力量性运动和爆发性运动的主要能量来源就是碳水化合物，同时它更是神经系统必需的营养物质。碳水化合物也叫作"糖"，运动时，肌肉细胞通过消耗糖来产生能量，所以当体内糖分不足时，人们容易感到四肢无力、头晕眼花，但糖若过多，又容易引起肌肉强直。碳水化合物主要存在于糖类（果糖、蔗糖等）、淀粉（稻米、小麦等谷物）、水果（甘蔗、甜瓜等）、干果、根茎蔬菜类（红薯、胡萝卜等）等食物中。

2. 脂肪

脂肪中含有有机生命必需的不饱和脂肪酸，是调节激素、形成物质交换过程的重要条件。脂肪在人体内储备较多，是人体内能量的最高营养物质。日常的饮食中，应当确保有脂肪成分，但不可摄入过多，否则脂肪总量超过代谢能量，脂肪就会囤积，形成肥胖。中强度有氧运动持续20分钟以上，人体才会开始消耗脂肪，因此需要减肥的人应多做慢跑等有氧运动。脂肪主要存在于奶酪、奶油、食用油、肉类（肥肉）等食物中。

3. 蛋白质

在人体中，蛋白质的作用很多，主要作用是增加肌肉围度、预防运动性贫血。当细小的肌肉纤维受到损伤时，蛋白质可以对其进行修复。需要注意的是，蛋白质进入人体后，需要通过肝脏进行转换，只有当它被转换成与人体氨基酸模式相同的形式时，才能够被人体吸收、利用，而代谢的废物则需要肾脏来排出。因此，过量摄入蛋白质，会给肝脏和肾脏造成负担。蛋白质主要存在于奶类、肉类、蛋类、海鲜类、大豆类、干果类等食物中。

身体各异，女孩要选择适合自己的运动

从年龄到性别，从生理到心理，女孩们属于一个独立的范畴，有着自己鲜明的特点。尽管社会强调"男女平等"，也只是从权益方面强调。再者，认识并理解女性与男性在生理和心理上的区别，本身就是一种对女性的基本尊重。如今，很多工作项目还要强调男女有别、老少有异，更何况是直接与个人身体素质有关的运动。

"你跟小刘一起去的健身房，怎么她越练越瘦，你倒越练越'宽'了？""唉，都怪我自己瞎练，选错了项目。她练的健美操，我练的杠铃……"

"周末干什么去？""拳击馆练拳击去。""怪不得单位的男同事都怕你，你也一把年纪了，爱运动也不是这么个运动法。哪有女孩子家成天以打人为乐的。""我难得打到人，都是我被打。""你周周去练，还打不到人？""没办法，拳击馆就我一个女的，只能跟男选手对打，太吃亏了。"

第 07 章
动感活力的女孩，健康活泼展现年轻气质

"小钱整天打篮球，那么激烈的项目，也不见她像那些运动员似的那么壮啊！""她们都是一群业余的女孩，在一起打篮球就是为了活动活动，锻炼身体。而且女孩之间本来就不会有多么激烈的身体对抗，另外，这样两三人一个队打比赛的团队合作还能培养彼此之间的默契，何乐而不为呢？"

"你最近体重减了不少啊，精神头也比以前好多了。快招供，是吃了什么'灵丹妙药'？""什么也没吃，饮食、作息还跟以前一样，只不过上下班的时候把坐公交改成慢跑了，每天早晚慢跑半小时。你别说，就这几个月坚持下来，不仅是瘦了，整个人也清爽了很多。"

运动的女孩只是爱好运动，并非从事运动，更不是职业运动员，因此在选择运动项目时，可以尽量选择一些更适合女性的项目。相对于男性，普通女性的爆发力和耐力都较小，娇柔的身体并不适合举重、搏击等高强度的运动；而女性身体的柔性和韧性，则是一般男性不具备的，这也使女性较为适合慢跑、游泳等运动。

良好气质养成方法

那么，哪些运动是适合女孩长期锻炼的呢？

1. 游泳

对于女性而言，游泳是一项非常理想的运动项目。在游泳时，人体浸泡在水中，受到的阻力较大，全身的肌肉和各个器官都会运动起来，消耗大量的能量，因此游泳不仅能增强心肺功能，还能起到减肥的效果。此外，游泳时，人们的身体能够得到全面的舒展，从而塑造健美的形体；且水中运动相对于地面运动也减少了骨骼的劳损概率。同时，在游泳中，水能够减少汗液中的盐分对于皮肤的刺激，而且对于皮肤、汗腺和脂肪腺能够起到按摩作用，促进血液循环，使皮肤更加光滑且富有弹性。

2. 慢跑

慢跑可以说是所有运动中对于场地要求最低、适用范围最广的一个项目。慢跑时，可以约上三两好友一起锻炼，也可以独自享受这段运动时光。作为一种有氧运动，慢跑可以增强心肺功能，还能燃烧脂肪，塑造形体。尽管慢跑是一项较为缓和的运动，但在跑步之前，依旧要做好热身活动。此外，训练程度不同的人，也该根据自身情况循序渐进地锻炼。对于刚开始练习慢跑的女孩来说，每次慢跑的时间最好不要超过10～15分钟。经过30天左右的适应期后，可以慢慢将每次运动的时间提升到20分钟左右。有专家建议，每天17～18点之间是慢跑的黄金时间，在这个时段里，人体的温度最高。

3. 瑜伽

瑜伽是一项源自古印度的运动，着重强调修身养性。相对于其他大部分运动，瑜伽的特点是大多数动作都平和舒缓，注重身体的舒展。女孩练习瑜伽，不仅能塑形美体，而且能在调节气息的节奏下，使心灵得到放松，获得身体、心灵与精神的和谐统一。

4. 网球（羽毛球）

在前文中，我们已经为大家简单介绍了一些练习网球（羽毛球，下略）的好处，这里再稍微提几句。在网球运动中，女孩的身体得到全面的舒展，来回的跑动也让女孩可以在享受竞技乐趣时不知不觉地消耗大量的热量，从而起到塑形、减肥的功效。同时，网球可以有效地增强女孩的心肺功能、身体的协调性。

知识点链接

很多人都认为慢跑是最简单的运动项目,没有什么严格的动作标准,随便跑跑就好——其实不然,每种运动项目都有着自己的动作要领和基本要求,如果动作不能达标,轻则影响锻炼效果,重则损伤身体,慢跑也是如此。那么,慢跑时,需要注意哪些动作要领呢?

1. 脚的姿势要正确

很多人认为跑步时应该以前脚掌着地,这一说法并没有错,但不全面。在短跑和中长跑(即快速跑)时,前脚掌着地是最佳选择。而慢跑时,尤其对于初、中级跑步者来说,以足中着地较为合适。研究表明,足中着地时,能够减少震动,缓解体重对小腿肌肉和足腱的压力。

2. 膝盖的姿势要正确

慢跑时,尤其是长距离跑动时,膝盖不要抬得太高,应尽量放低、小步前进。著名的马家军当初就是从鹿的奔跑姿势中得到启发,改进了运动员的步伐,获得了巨大的成功。相对于大步跨进,小步跑动可以降低肌肉的疲劳感，让跑步者的耐力更持久。

3. 手臂的姿势要正确

慢跑时，手臂也应当运动起来，并且保持和腿部相同的频率。手臂的摆动能够使跑步者保持躯干平衡，具体姿势为：手臂弯曲，使肘部形成90°左右的角，在跑步时上下摆动；向上摆动时以手与胸骨齐平的位置为最高点，向下摆动时以手与腰带齐平为最低点，不可过高或过低。

4. 头部的姿势要正确

慢跑时，头部要正、要直，两眼目视正前方。要转头时，应只转动头部，而保持身体原有的正姿、不可随头扭转，以免失去平衡。

第08章

做品位高雅的女孩，内涵与修养是女孩气质的根本

有人说，女人可以不漂亮，但一定要可爱；女人可以不可爱，但一定要有品位。品位体现着女性的内涵与修养。品位没有贵贱之分，却有高低之别。品位不是一天可以练就的，它需要女孩在长久的修炼中逐渐提升。品位，弥漫在书香中，跳跃在音乐里。品位是女孩渊博的知识，也是女孩广泛的兴趣。品位是女孩对艺术的追求，也是女孩对生活的态度。

艺多不压身，文艺气息让女孩更具灵性

生活中，我们经常听到人们用"有文艺气息"这样的形容词来夸人，那么究竟什么是文艺气息呢？简单来说，这是一种由内而外散发出的气质。拥有文艺气息的女孩，通常是优秀的、自信的，是富有灵性的。她们是人群中的焦点，她们吸引着人们的目光、收获着人们的赞美。她们凭借自己的众多才艺卓尔不群，她们依靠自己的独特韵味艳冠群芳。

玛格丽特出生在英国的一个小镇上，父亲在镇子里经营着两家杂货铺。对于这个女儿，父母寄予了厚望，他们对她要求严格，父亲经常对女儿说："无论做什么事都要力争一流，不要落后于人。即便上课，你也要坐在前排；即便坐公交，你也要坐在前排。"

在父亲的影响下，玛格丽特树立了凡事不甘人后的信念。她事事努力上进，充满斗志，从不向困难低头。

上大学时，学校要求学生在5年之内完成拉丁文的学习。

玛格丽特凭借自己的意志，仅用1年时间就掌握了拉丁文的全部课程，并且各科考试成绩都相当优异。而她学习拉丁文所用的时间，也创下了学校自设置拉丁文科目以来的最短纪录。

最令老师和同学们对玛格丽特赞叹不已的，是她不仅在学习成绩上高人一等，而且在学校的各种活动（如音乐、演讲、体育等）中也十分活跃且成绩优异。对于玛格丽特这位学生，校长给出了高度的评价："她是建校以来最优秀的学生，总是雄心勃勃，每件事情都做得很出色。"

多才多艺、出类拔萃的玛格丽特，在40多年以后，成为英国乃至整个欧洲政坛上的明星。1979年，她成为英国历史上第一位女首相，并且连任11年之久。她以其超凡的政治才能和独特的人格魅力，雄踞英国政坛十余年，引起了世界人民的广泛关注。她就是被人们称为"铁娘子"的玛格丽特·希尔达·撒切尔。

种种才艺为女孩带来的文艺气息，让女孩充满了知性之美，又洋溢着感性之态，这一对看似矛盾的"属性"，令女孩的气质挣脱世俗的藩篱，就此灵动起来。岁月穿梭，青春会逝，容颜会老，而那一股犹如拂面春风、令人感到清新惬意的文艺气息不会流逝，它历久弥新，在时光的打磨中愈加散发耀眼的光芒。

良好气质养成方法

撒切尔夫人曾经讲过："一个优秀的女人，往往不会将自己局限在某个领域里，她们总是在各个领域里同样出彩。"女孩在培养自己多才多艺的能力、修炼自己的文艺气息时，应当注意哪些方面呢？

1. 博

《三国志》中记载，诸葛亮与徐庶、石广元等人的读书方法大有不同。徐庶等人读书"务于精熟"，而诸葛亮则"独观大略"。无独有偶，东晋时期的陶渊明也是好读书、不求甚解。然而，正是这种读书方式，让两人得以博览群书，极大地拓宽了知识面。女孩在丰富自己的内涵时，也应当从"博"入手，尽可能地拓宽自己的知识面。对于很多才艺，即便你不感兴趣，不愿逼着自己去深入研究，也应当了解一些基础的知识。

2. 精

诸葛亮的"独观大略",并不是草草了事、一读而过,而是掌握了文章的精髓,不去计较细枝末节。女孩不管有多么博闻强识、杂学旁收,也应当有一两种精通的才艺。这种"看家的本领",才是女孩崭露头角的拿手武器。否则,若每种知识都是"略懂",没有一样专长,那么女孩不管面对什么话题、什么考验,都只能是技不如人、班门弄斧。

3. 恒

知识的海洋无边无际,我们穷尽一生也无法遨游到海洋的尽头。人的精力是有限的,世间的才艺是无限的;一生所能掌握的才艺是有限的,但学习才艺的进取之心应该是无限的。所谓活到老学到老,说起来简单的话语,需要我们用一生的耐心去实践。

知识点链接

玛格丽特·希尔达·撒切尔,英国第49任首相,1979~1990年在任。撒切尔夫人是英国历史上首位女首相,也是自利物浦伯爵以来连任时间最长的英国首相。她在任期间，对英国的经济、社会、文化等方面都做出了影响深远的改变，她的政治哲学和主张被人们称为"撒切尔主义"，她本人则被媒体戏称为"铁娘子"。而这个绰号一经问世，立刻得到人们的广泛认同，甚至成为她的代号、标志。

与中国的关系方面，撒切尔夫人曾经先后四次代表英国访问中国，并代表英国于1984年在北京与中方代表签署了《中英关于香港问题的联合声明》，为香港的回归打下了坚实的政治基础。

在文教方面，撒切尔夫人在1970年出任教育及科学大臣时，为了减少教育经费，她下令取消了全国小学和幼儿园为学生提供的免费牛奶。这一举措引起了旷日持久的公众示威活动。英国媒体《太阳报》还因此戏称撒切尔夫人为"牛奶掠夺者"。此外，她在任内还关闭了许多文法学校，以综合中学取而代之。至她任期结束时，转入综合中学的学生比例由她上任初的32%上升到了62%。

饱读诗书，让书香萦绕身旁

莎士比亚曾经说过："书籍是全世界的营养品。生活里没有书籍，就好像大地没有阳光；智慧里没有书籍，就好像鸟儿没有翅膀。"书籍，像如丝的春雨润物无声，像温暖的阳光抚慰心灵。书籍是人类的精神食粮，更是人类的心灵导师。饱读诗书的女孩，或许她不够漂亮，或许她不够妩媚，但书香陶冶出的优雅，会令无数人为之动容。

艳秋和苏瑾两家是邻居，因此两人从小就是闺蜜。虽然两人一个美艳无双，一个相貌平平，在外人看来长相差异如此巨大的两人不应该"出双入对"，但两人心里有着自己的"小九九"：艳秋习惯了苏瑾绿叶衬红花，而苏瑾则欣赏并学习着艳秋那种自信开朗的性格。

两人相伴着一路从小学、初中到高中，直到上了大学，两人还在同一所学校同一个专业，甚至被分在了同一个宿舍。两家的家长都在感叹这种缘分，而两人自己也很满意：可以继续以一种熟悉的状态，相互帮衬着去适应那陌生的大学生活。

经过了大一的适应期,大二时,课程不再那么紧张的大学生们,开始了属于自己的"恋爱季节"。艳秋身边自然整天蜂环蝶绕,而苏瑾则"清闲"很多,每天依旧泡在图书馆里。只有当艳秋实在不愿与某个男生独处时,才会拉上苏瑾一起赴约。

经过了严格的"筛选",艳秋终于和中文系的才子俊生确定了恋爱关系。后来俊生和苏瑾也逐渐熟悉起来,和艳秋出去"打牙祭"时便经常叫上苏瑾和自己的哥们儿浩然。席间,俊生和艳秋你侬我侬,浩然为了打破苏瑾的尴尬,经常与她谈天说地,令他没想到的是,苏瑾竟然博古通今,她的文学修养经常令中文专业的浩然自愧不如。

四个人就以这种方式相处着。然而半年后的一个晚上,艳秋却哭着回到寝室,抽抽搭搭地告诉苏瑾,俊生向她提出了分手,理由竟然是"淡而无味"。艳秋边哭边恨道:"男人就是靠不住,竟然还把责任推到我头上,说我没内涵。当初他追我的时候,难道我读的书竟比现在多?"

苏瑾没有说话,只是轻轻拍着艳秋的背。当艳秋哭睡着后,她起身回到自己桌边,藏起了浩然送来的那束火红的玫瑰。

气质是一个人精神面貌、心理状态、学识修养等的综合体现,一个女孩的气质,来自她的内涵,来自她的底蕴。高尔基曾经说过:"学问可以改变气质。"而读书,便是一种最直接、最简便的积累学识的方式。书籍让女孩获得丰富的知识，让女孩明白处世的道理，让女孩在轻松惬意中，获得心灵的休养、气质的升华。女孩，拿起书吧，它能够带给你的，远比你想象的更多、更好。

良好气质养成方法

女孩在阅读书籍时，应该注意哪些方面呢？

1. 贵精不贵多

有些女孩容易陷入一种误区，认为自己从没有放下阅读的习惯，有时甚至为了读书而通宵达旦。然而当别人问起她们阅读的书目时，得到的答案往往令人不敢恭维。女孩读书，一定要精挑细选，读对书才能做对事，读好书才能做好人。例如，时下风靡的网络小说，其中确实有许多能够让人掩卷沉思、获益良多的精品，但也不乏粗制滥造、为博眼球而刻意为之的"狗血肥皂剧"底本。对于后者，与其花上一天的时间去"品味"，远不如用一小时去细细体味圣士先贤们的一两句警世名言。

2. 思考很重要

《论语》中有云："学而不思则罔，思而不学则殆。"读书很重要，但思考同样重要。若只是拿过书来一目十行，全然不去思索字里行间的深意，甚至整本书读完都不明白作者的主旨，那么不读也罢，这样读书完全是在浪费时间。从小学起，很多语文考试中都会有阅读理解，这类题目的本意，就在于从小提升学生的阅读能力，并且让学生养成在阅读时勤于思考的习惯。

3. 持久方显成效

读书不是一天的事，不是一月的事，更不是一年的事，它是一辈子的事业，是我们终生不能放下的习惯。从无知到懵懂，我们经历了漫长的岁月；从懵懂到懂事，我们需要更长久的时光。"书山有路勤为径，学海无涯苦作舟"，每个女孩，都应以这句话为座右铭，一生铭记、一生践行。

知识点链接

世界十大名著：2006年，美国《纽约时报》和

《读者文摘》做了一次调查，它们从欧、美、亚、澳、非五大洲的10万读者的投票中，选出了世界十部文学作品。2007年，英国《泰晤士报》报道，在五百多部最受读者喜爱的文学作品中，英国、美国和澳大利亚的125位作家评选出了他们心中最值得阅读的十部经典。这十部作品分别为：

（1）《战争与和平》作者：［俄］列夫·尼古拉耶维奇·托尔斯泰

（2）《巴黎圣母院》作者：［法］维克多-马里·雨果

（3）《人生三部曲》（童年·在人间·我的大学）作者：［俄］马克西姆·高尔基（原名阿列克塞·马克西莫维奇·彼什科夫）

（4）《呼啸山庄》作者：［英］艾米莉·简·勃朗特

（5）《大卫·科波菲尔》作者：［英］查尔斯·约翰·赫法姆·狄更斯

（6）《红与黑》作者：［法］司汤达（原名马里-亨利·贝尔）

（7）《悲惨世界》作者：［法］维克多-马

里·雨果

（8）《安娜·卡列尼娜》作者：[俄]列夫·尼古拉耶维奇·托尔斯泰

（9）《约翰·克里斯朵夫》作者：[法]罗曼·罗兰

（10）《飘》作者：[美]玛格丽特·芒内尔林·米切尔

储备知识，充电让女孩不断进步

时下，"充电"是一个很流行的词汇。在这个社会、经济等发展日新月异的时代，我们稍有懈怠，稍有停滞，就可能被时代的洪流吞没。学生不常常给自己充电，只知道学习课本知识，也许会成为"死读书、读死书"的"书呆子"；职场人不常常给自己充电，只知道"种好自己的一亩三分地"，也许会成为岗位竞争中最失败的竞争者；老人不常常给自己充电，只知道"厚古薄今"，也许会使自己与儿孙之间的"代沟"越来越深、越来越大。

并不是只有今人才懂得充电，许多古人也经常为自己的事业和人生充电加油，吕蒙就是其中的典范。

吕蒙少时家贫，未经诗书熏染。他从十五六岁便随军出征，屡立战功，军职不断攀升。建安十三年（公元208年），在孙权与黄祖的战斗中，吕蒙为孙权斩杀了黄祖部下的水军都督陈就。在战后的论功行赏中，吕蒙之功被评为此役诸功之首。

吕蒙虽有勇有谋，但因其不通文墨，故此有诸多不便。例如，他带兵镇守地方，向孙权报告军情时，只能口传，无法亲自书写。有一次，孙权找来吕蒙和蒋钦，对他俩说："你们从少壮时就开始随军出征，少有空闲读书识字。如今你们已经是将军了，应该多读点书。"吕蒙摇着头说自己太忙，没有时间，孙权反问道："莫非你们还能忙过我吗？我尚且手不释卷，你们抽些时间读书又有何难？我也并不是让你们变得满腹经纶，只是让你们大致看点书、识点字、懂点历史。"说完，孙权还给他们列出了《孙子兵法》《左传》《国语》《史记》《汉书》等书。

在孙权的指导和激励下，吕蒙开始用心读书，读完了孙权开的书单，他又自己找来许多经典著作学习。有一次，鲁肃经过吕蒙的驻防地区，便同吕蒙聊了起来。在鲁肃心中，

以为吕蒙还是以前那个不识字不读书的"粗人",孰料吕蒙一开口便将鲁肃问得哑口无言。

吕蒙问:"如今您肩负着东吴的军中要务,您可有做出相应的部署,防止关羽突然袭击?"鲁肃答曰尚未考虑,吕蒙便针对吴蜀两国眼下的形势,提出了自己的想法和建议。鲁肃听完后,对吕蒙赞不绝口,夸他已不再是旧日的"吴下阿蒙",如此的才干和谋略,早已是一个文武双全的人才。吕蒙笑道:"士别三日,当刮目相看。况且你我一别已经数日。以后您可不能再用老眼光看待我了。"

在科技飞速发展、知识急速更新换代的今天,变化是时代赋予当今人们的最严峻的考验。为了紧跟时代的步伐,在属于自己的各个领域屹立不倒,女孩必须不断学习、不断进步,令自己在不断的充电中成为时代的弄潮儿。

良好气质养成方法

女孩该怎样做,才能为自己合理充电呢?

1. 找准目标

很多女孩都会在课程相对轻松的大三、大四时考取各种证书,如会计证、计算机二级证书、教师证等,尽管这些证件与她们的专业并不衔接。究其原因,从表面上来说,一本一本的证书,能够让女孩有安全感,因为很多人告诉她们(包括她们自己也这么认为),证书越多,以后就业的压力就越小；而从实质来看，这是源于女孩对前途的未知和对未来的不安，她们不能确定自己以后走哪条路或是能否坚持走自己想走的路，因此用大量的证书来安抚自己，以便日后证明自己。

这种做法，对于时间较为清闲、尚处学生时代的女孩来说无可厚非，很多时候这些证书也确实能够为她们的就业增加砝码。然而，对于那些已经入职并且短期内不会更改就业方向的女孩来说，最好的充电"项目"应首选本职工作需要的各项技能与素养。如果本职工作的能力不够，其他五花八门的本领再大，也很难在工作上取得进步。

2. 从身边着眼

充电可以选择自修，可以报培训班，甚至也可以重返校园——然而对于大部分人来说，停止工作、重新做回学生，毕竟不太现实，这不仅需要金钱、精力，还需要投入大量的时间。生活中留点心，工作里随学随用，充电原本可以很简单、很方便。课本里告诉你管理法则和知名案例，身边的领导同样能让你学会管理经验，让你在切身经历中掌握得更深更牢。

3. 摆正"充电"的位置

充电是为了让自己能以更好的能力和状态来掌握生活、把握工作，如果为了充电花费过多的时间与精力，反而占用了原本的生活、工作时间，搅得家庭与职场都一团糟，那便本末倒置了。充电与工作、生活并没有冲突，关键在于充电者本身要学会把握好度。

知识点链接

在吕蒙的众多轶事典故中，最有名的一个是讲述他发奋读书的"吴下阿蒙"，另一个就是他智胜关羽的"白衣渡江"。

"白衣渡江"由吕蒙策划，吕蒙和陆逊共同实施，是三国时期最成功、最经典的奇袭战之一。随着刘备势力的扩张，蜀吴之间日生罅隙。建安二十四年（公元219年），关羽趁魏吴两国交锋，寻机进攻荆襄地区，后水淹七军，俘虏于禁，斩杀庞德，世人皆为之震惊。曹操许孙权江南之地，要孙吴在关羽后方展开袭击，以减轻魏军压力。

关羽知吕蒙颇有才具，因此一直在荆州后方留下守军，不敢掉以轻心。吕蒙便向孙权献策，提出瞒天过海之计，孙权应允。于是，身体素来不好的吕蒙对外称病，并被调回建业，改由陆逊接管军务。关羽本就刚愎自用、骄傲自满，见接任的是年轻的陆逊，丝毫不将他放在眼里，于是渐渐麻痹，不断抽调荆州守军开赴前线。

当大部分的荆州守军被调走后，吕蒙令士兵化装成商人，骗过荆州守军后长驱直入，轻松地占领了荆州。此时，关羽被魏将徐晃击破，听闻荆州失守，大惊失色，急忙回撤。而孙权早已派陆逊攻占夷陵和秭归，切断了关羽回蜀的道路。关羽向刘封、孟达求援遭拒，孤立无援之下败走麦城，最终为吴军擒获，被斩首，一代名将就此陨落。

在人们的口口相传中，有人容易将"白衣渡江"误解为穿着白衣服渡江。其实，这里的"白衣"并不是指穿着白色的衣服，而是指未穿军装、铠甲，只穿便服。吕蒙令士兵白衣渡江，即是令士兵将战船伪装成商船，让士兵穿上百姓、商贾的衣服躲在船舱中，从而掩人耳目，便于偷袭。

听心理咨询师
给女孩讲气质

感受音乐，动人的旋律让心灵更安宁

音乐，是那一个个抽象的音符，却又具体而跳跃地流淌在艺术家的指尖或笔下；音乐，是那一首首陌生的旋律，却又熟悉而亲切地出现在聆听者的耳边或口中。音乐，是那高雅殿堂中的伟大艺术，也是那乡间小路上的民俗小调；音乐，看似遥不可及，却又时刻陪伴在我们身边。

"你下班后都爱干些什么？""听歌呀，每天到了听歌的时间，都会觉得特别放松，仿佛工作了一天的压力和疲惫都在歌声中化解了。"

"你又不是歌手，怎么一有空就唱个不停？""我也不知道，就是觉得一唱歌就很开心，心里有什么不痛快的，唱唱歌就好了。"

"你最近脾气好了很多，没有以前那么急躁了，有什么秘方吗？""说实在的，因为脾气急，我明里暗里不知得罪了多少人，吃了多少亏。我听了老公的建议，特意去看了心理医生。医生建议我平时多听一些舒缓的轻音乐。别说,还真有用。每次听音乐的时候,我感到整个人都沉淀了下来,脑中浮想起以前那个自己,真是觉得没有必要啊!"

"小玲说我听不懂古典音乐,只知道听流行歌曲,这是没品位的表现。""这种说法太片面了,流行歌曲里也有很多杰出的作品,照样能够陶冶情操。关键在于我们能不能甄别优劣,选出那些经典的、优秀的。"

"周末有什么安排吗?""人民剧院有一场意大利某歌剧团的演出,我想带着孩子去看一看。""那又听不懂,有啥好看的?""台词是听不懂,但音乐是没有国界的。每一段旋律中表达的不同的情感,相信能够感染人心,引人深思。"

音乐,是世界上最美的语言,是人世间最通用的语言。它不分国家、民族、性别、阶级,它慷慨如春霖,滋润着每

一个用心感受它的人。它为人们带来美的享受，为人们带来心灵的宁静，为人们带来生命的洗礼。女孩们，如果你们情绪低落，听听音乐吧，让音乐为你们舒缓身心，排忧解难；如果你们烦躁不安，听听音乐吧，让音乐为你们扫除阴霾，安抚心灵。

良好气质养成方法

音乐除了在社会、认识（超越现实、振奋精神、信号象征等）、教育（健全大脑、健全心理、和谐人际关系等）方面颇有功效，在审美和娱乐方面，也有其独特的功能。

审美方面：

1. 调节情感

当人们心中积累了消极情感时，可以通过音乐来宣泄，使人们重新回到积极的状态。

2. 提升情趣

人们在挑选自己想要欣赏的音乐时，已经在无形中锻炼了自己欣赏美、摒弃丑的审美能力，提升了情趣。而人们对于音乐的鉴赏能力，也会随着天长日久的欣赏而逐步提高，从而影响审美情趣，形成良性循环。

3. 净化心灵

音乐对于人类的情感，有着神奇的魔力。它能引发人们的共鸣、想象和联想等，让人们在无形中接受来自于音乐对其精神、道德、观念等方面的陶冶，从而使心灵得到净化，境界得到升华。

娱乐方面：

1. 修身养性

聆听音乐，是一种积极的休息方式。跑步时、坐车时、做家务时，听上一段音乐，让忙碌的身体感受到听觉带来的享受，让疲惫的心灵去体味动人旋律带来的惬意。如此，再忙也不觉单调，丰富多彩的音乐带来生活的精彩纷呈。

2. 自娱自乐

许多人在一起时，可以一起欣赏一段音乐；自己一个人时，也可以安静地倾听一首旋律。音乐欣赏可以是群体性的，更可以是个人行为。当自己听着或唱着自己喜爱的歌，心情也会为之愉悦起来，孤单的身影也会显得不再寂寞。

知识点链接

20世纪40年代起，人们逐渐将"音乐疗法"纳入医疗系统。音乐疗法也叫"心理音乐疗法"，包括医疗性的、发展障碍儿童的音乐治疗以及身心康复的音乐治疗，应用范围相当广泛。1944年，美国密歇根州成立了世界上第一个音乐治疗学会。1946年，美国堪萨斯州立大学开设了有关音乐疗法专业科目。自此，世界各国接二连三地效仿起来。1959年，澳大利亚也拥有了自己的音乐疗法机构。1969~1970年，德国、法国、丹麦、芬兰等国家也先后成立了自己的音乐疗法组织。

所谓音乐疗法，是一种康复、保健、教育的活动，它通过音乐这种艺术手段，对病人的生理、心理和社会活动进行治疗。音乐疗法主张调动人的感性情绪，并非依靠人的理性发挥作用，它不是理性的智力、推断活动。音乐疗法的基本原理，就是通过刺激人的情感中枢来产生变化，利用这些变化来引起人类的生理和心理方面的变化，从而收到疗效。

那么，在利用音乐疗法治疗时，音乐是从哪些方面影响患者、产生疗效的呢？

1. 生理方面

在音乐疗法中，受到治疗的患者在心血管系统、消化系统、内分泌系统和神经系统等方面有着明显的改善，体内血管的流量和神经传导得到有效的调节。同时，因为音乐能够提升创造力、激发思考，这种主动、积极的功能，能够使人的右脑更加灵活。

2. 心理方面

好的音乐能够提高大脑皮层的兴奋性，从而改善人的情绪，平衡人的心理，使人感情丰富、精神振奋。

3. 社交方面

社交最基本的形式就是沟通，而音乐，是一种具有社会性的非语言交流的艺术形式。对于患者来说，集体的音乐活动是一种安全而放松的沟通环境。患者可以通过音乐治疗师组织的各种音乐活动来沟通，从而表达情感、宣泄内心。

听心理咨询师
给女孩讲气质

保持兴趣，生活因此而更加精彩

生活中，有些女性总是处于疲于奔命的状态，她们要么忙于学习，要么忙于工作，要么陷身在家庭琐务中难以自拔。她们经常对人抱怨自己太忙，忙得失去了属于自己的时间和空间；可一旦让她们清闲下来，她们却又无事可做，大喊"无聊"。其实，她们并非真的无事可做，而是她们在生活的压力下，渐渐抛弃了那些曾经让心灵丰富充实的兴趣。

"你平时晚上都做些什么？"

"做饭、洗衣服、看着孩子做作业。"

"就没有一点自己的事情做吗？"

"哪儿有时间呐！我家那爷俩儿可挑嘴了，每天光做饭就得花上一两小时。吃完饭，趁他俩下去散步，我还得赶紧把碗筷刷了，把儿子换下的校服洗了。你是没见他那校服，就跟泥里滚出来似的，一天不洗就没法儿见人。"

"洗完衣服呢？去楼下和他俩汇合，一起走走？"

"我哪有那好命！洗完衣服那爷俩就回来了，我得盯着儿子做作业。那小子，注意力总是不集中，你不盯着他，十道算术题能做2小时。"

"孩子年纪还小，专注力要慢慢培养。他作业也不多，等他做完了作业你总有空了吧？"

"他做完作业，我就得赶紧给他洗澡，然后给他讲故事，哄他睡觉。这么小的孩子，睡晚了可影响发育。"

"孩子睡下了你总该有空了吧！"

"这会儿倒是有空了。每天一到这时候，我就想跟老公聊聊天，说说话，可是他总是在电脑前加班，跟我说话有一搭没一搭的，我也不愿烦他了。自己看会儿电视，也就睡了。哎，你说，现在的电视怎么越来越没意思了。对了，你呢，每天下班后都干些什么？"

"跟你差不多，不过多了点阅读和泡茶的时间。"

"天呐，你居然还有这个精力和时间！"

"就像你说的，孩子睡得早，老公工作忙，咱们自己闲着也是无聊，何不把以前丢掉的兴趣都捡起来，让自己的生活更充实呢？"

"可是空闲时间毕竟就那么一会儿啊，够你做这么多事？"

"阅读可以在看着孩子做作业时进行，功夫茶可以在老公加班时为他提神，这些时间都是自己掌握的，并不难做到。有时富余的时间多了，我还会烘焙，自己做一些小饼干，他们爷俩儿都可爱吃了。"

"你不觉得很累、很孤单吗？"

"累？怎么会？每天晚上的这段时光，是我一天中最轻松、最惬意的时刻，它让我的心感到无与伦比的祥和，让我觉得生活是如此美妙！"

兴趣是最好的老师，有了兴趣，女孩能将喜欢的事做得光彩绚丽；兴趣也是生活的调味剂，有了兴趣，女孩的生活不再单调乏味，将变得精彩纷呈。女孩们，保持你们的兴趣，开启你们对生活的好奇心吧，这会使你们活得更加从容，更加有滋有味。

良好气质养成方法

女孩在以各种兴趣调剂生活时，应该注意哪些方面呢？

1. 不必攀比，做好自己

每个人都有着属于自己的兴趣爱好，它与个人的年纪、阅历、心境、生活背景、教育水平等息息相关。只要是对身心有益的兴趣，就没有什么高下之分。喜爱运动的女孩，不必因为羡慕其他女孩兴趣的高雅而强迫自己去学插花或芭蕾，或许你可以去了解、可以去尝试，但是没有必要非得让自己变成别人或者强于别人。

2. 重要的是感觉，没事你就"骄傲"下

女孩在做自己喜欢做的事情时，重要的是去体会自己在做这些事时的专注与内心获得的宁静。所谓"偷得浮生半日闲"，偷的是平和中夹杂丝丝兴奋的心境，偷的是专注而又轻松惬意的精神。当女孩在这些兴趣爱好方面获得了一些成绩，如练书法的女孩获得了业余比赛优秀奖时，不妨大大地夸奖自己一番，这种自我肯定能够巩固并提升女孩在这一方面的兴趣。即便没有什么大的进步，只是将一个字练得比以前更好，也可以成为赞美自己的理由。兴趣本就为了怡情，何不借此让自己更高兴一些呢？

3. 不可本末倒置

兴趣是为了陶冶情操，爱好是为了装点生活，女孩要注意的是，它们是生活的调味品，而不是生活的主旋律。尤其是那些与工作、学习关联甚小的爱好，女孩应该把握好投放在其中的时间与精力，切不可本末倒置。否则，当你精心准备了调味品时，却发现已经没有能力去获得主菜的食材了。

知识点链接

　　与盆景、雕塑、造园、建筑等相同，插花也属于造型艺术，它起源于佛教中的供花。简单来说，插花就是把剪下来的植物的花、叶、枝用技术和艺术加工成一件花卉艺术品。如今，插花艺术在女性朋友间越来越流行，很多女性还特意参加了插花培训班，跟随专业的插花艺术家学习。在插花的过程中，女性可以在修剪、整理花草时心无旁骛地感受生命的美感和艺术的魅力，不仅获得了心灵的宁静，也在日积月累中提升了自己的艺术修养。

　　现今，从艺术风格上来说，插花艺术大致可以分为三类：

　　1. 东方式插花

　　代表风格为中国和日本的插花风格。选用花、叶等素材时，讲究简单凝练，强调素材本身的姿态，巧妙地运用素材本身的自然姿态和代表的含义；造型以线条为主，构图讲究平衡，整体特点为姿态奇异、造型优美，并配合人们对于各个季节的不同感受来营造意境。

2.西方式插花

也叫作欧式插花,主体风格为大方热情、华丽富贵。西方式插花使用素材的种类和数量较多,追求色彩的表现力,多以均齐式、对称式的构图风格为主。注重素材的外形,突出块面和群体的艺术张力,给人以大气、奔放之感。

3.自由式插花

东方式插花和西方式插花的"结合体"。在素材的选择、风格的构思、整体的造型方面范围较大且受约束较少。主要艺术风格受到世界各地出现的写实派、未来派、抽象派等派别的影响,尤其突出作品的特殊性和装饰性,让人更能感受到生命的张力和时代的映像。

参考文献

[1] 韩睿卿.哈佛女孩气质课[M].北京：华夏出版社，2014.

[2] 吴利霞.给女孩的第一本气质书[M].北京：中国纺织出版社，2015.

[3] 孙朦.做个有修养提高气质的女孩[M].长春：吉林科学技术出版社，2014.

[4] 墨菲.魅力女孩修炼记：做个有气质的完美性格女孩[M].北京：中国华侨出版社，2013.

[5] 苏奕霏.女人受用一生的气质课[M].北京：中国纺织出版社，2014.